建设机械岗位培训教材

预应力机械及施工技术

中国建设教育协会建设机械职工教育专业委员会
美 国 设 备 制 造 商 协 会
中 国 建 设 教 育 协 会 秘 书 处
组织编写

中国建筑工业出版社

图书在版编目（CIP）数据

预应力机械及施工技术/中国建设教育协会建设机械职工教育专业委员会等组织编写.—北京：中国建筑工业出版社，2008

建设机械岗位培训教材
ISBN 978-7-112-10429-1

Ⅰ.预… Ⅱ.中… Ⅲ.①预成型机—技术培训—教材 ②预应力混凝土—混凝土施工—技术培训—教材 Ⅳ.TU647 TU755

中国版本图书馆 CIP 数据核字(2008)第 160599 号

预应力机械与施工技术是建设机械岗位培训教材之一，主要内容有：预应力基础知识，预应力筋及锚夹具，预应力设备，预应力混凝土施工，预应力技术在各领域的应用，预应力安全管理及常见问题处理，现场实习。本书可作为相关基层操作人员的培训教材。

责任编辑：朱首明 李 明
责任设计：郑秋菊
责任校对：安 东 陈晶晶

建设机械岗位培训教材
预应力机械及施工技术
中国建设教育协会建设机械职工教育专业委员会
美 国 设 备 制 造 商 协 会
中 国 建 设 教 育 协 会 秘 书 处
组织编写

*

中国建筑工业出版社出版、发行（北京西郊百万庄）
各地新华书店、建筑书店经销
北京永峥排版公司制版
北京云浩印刷有限责任公司印刷

*

开本：850×1168 毫米 横 1/32 印张：5⅛ 字数：160 千字
2009 年 1 月第一版 2009 年 1 月第一次印刷
定价：**18.00** 元
ISBN 978-7-112-10429-1
(17353)

版权所有 翻印必究
如有印装质量问题，可寄本社退换
（邮政编码：100037）

《建设机械岗位培训教材》编审委员会

主 任 委 员： 荣大成

副主任委员： 李守林　　艾尔伯特·赛维罗（美国）

委　　　员： 丁燕成　　王　莹　　王院银　　王银堂　　丹尼尔·茂思（美国）

　　　　　　　马可及　　马志昊　　孔德俊　　史　勇　　田惠芬（兼秘书）

　　　　　　　安立本　　刘文兴　　刘　斌　　刘想才　　李　云　　李　红

　　　　　　　李　凯　　李增健　　李宝霞　　冯彩霞　　赵义军　　赵剑平

　　　　　　　陈润余　　苏才良　　张广中　　张　博　　张　铁　　张　健

　　　　　　　陈　燕　　郑大桥　　涂世昌　　郭石群　　周凤东　　周东蕾

　　　　　　　周祥森　　周澄非　　杨光汉　　盛春芳　　黄　璨　　黄　正

前 言

建设机械岗位培训教材《预应力机械及施工技术》，是根据建设部为提高建设机械施工队伍人员整体素质水平的指示精神，和中国建设教育协会与美国设备制造商协会签订的"建设机械培训合作项目"计划的要求，并针对我国目前从事预应力机械及施工技术人员的文化水平等实际情况而编写的。

建设机械岗位培训教材《预应力机械及施工技术》的出版发行，将对预应力机械及施工岗位培训工作产生重要的影响。该教材中借鉴了国内外许多高水平培训教材的编写理念、风格及编写的方式、方法。

本教材的读者定位是：预应力施工技术操作人员及培训教员。因此，该教材适于操作国内外各种品牌，机型的预应力机械操作人员及各种预应力工程施工人员的培训需要。

本教材力求使预应力施工技术操作人员通过对本教材的学习，掌握操作预应力施工技术所必需的安全技术方面的基础知识和通用的、基本的、实用的操作技能，保证设备安全可靠的运行。本教材语言简练、通俗易懂、图文并茂、易于理解和使用。

本教材由在预应力施工技术行业内具有国际影响力，代表预应力施工技术先进水平的知名企业编写的。他们为教材的编写工作提供了有力的支持。参加编写工作的单位为柳州欧维姆机械股份有限公司。

李军主编并统稿，刘显晖、齐宝廉副主编。黄芳玮、区锡祥主审。参加编审的人员有：朱万旭、吴志勇、黄璨、梁来、杨庆、易著伟、杨立中、曾海、玉进勇、周萍。在这里向他们表示衷心的感谢！

真诚希望从事预应力施工技术操作的工作人员能够在培训教员的指导下，认真学习这本教材，让它陪伴您安全地度过每一个既紧张、又快乐的工作日。这是教材编者的最大心愿。

因时间仓促，本教材中不妥之处在所难免，恳请提出宝贵意见。

目　　录

第一篇　预应力基础知识

一、预应力基本概念 ·· 1

　　（一）预应力技术的基本原理 ··· 1

　　（二）钢筋混凝土构件 ·· 2

　　（三）预应力混凝土的基本知识 ·· 3

二、预应力理论介绍 ·· 8

　　（一）预应力损失 ··· 8

　　（二）有粘结和无粘结预应力的区别 ··· 8

第二篇　预应力筋及锚夹具

三、预应力筋 ··· 10

　　（一）预应力混凝土用钢丝 ··· 10

　　（二）预应力混凝土用钢绞线 ·· 11

（三）预应力混凝土用钢筋 ··· 13

（四）非金属预应力筋 ··· 13

（五）预应力筋的其他形式 ··· 14

（六）预应力钢材的订购与存放 ··· 16

（七）预应力钢材的检验 ·· 16

四、预应力锚固体系及验收标准 ·· 20

（一）钢绞线锚固体系 ··· 20

（二）钢丝束锚固体系 ··· 32

（三）钢筋锚固体系 ·· 36

（四）锚、夹具验收标准 ·· 39

第三篇　预应力设备

五、张拉设备 ·· 42

（一）液压千斤顶 ··· 42

（二）高压油泵 ·· 50

六、固定端制作设备 ··· 58

（一）挤压机 ··· 58

（二）镦头器 ··· 60

（三）压花机 ·· 65
七、灌浆设备 ·· 69
　　（一）真空泵 ·· 70
　　（二）灌浆泵 ·· 71
　　（三）塑料焊接机 ·· 72

第四篇　预应力混凝土施工

八、后张有粘结预应力施工 ·· 74
　　（一）概述 ··· 74
　　（二）后张有粘结预应力施工工艺 ··· 75
　　（三）预应力筋下料及制作 ·· 75
　　（四）预留孔道 ··· 83
　　（五）钢筋工程及混凝土工程 ··· 89
　　（六）预应力筋穿束 ··· 89
　　（七）预应力筋张拉 ··· 91
九、后张无粘结预应力混凝土结构施工 ··· 101
　　（一）后张无粘结预应力施工工艺 ·· 101
　　（二）无粘结筋检验、下料及铺设 ·· 102

（三）无粘结筋的张拉 ··· 104

十、先张法施工工艺 ··· 105

第五篇　预应力技术在各领域的应用

十一、环形后张预应力锚固体系 ··· 109
　　（一）概述 ·· 109
　　（二）环锚的结构 ·· 110
　　（三）环锚的安装 ·· 111
　　（四）常用环锚类型及参数 ··· 111

十二、斜拉索张拉锚固工艺 ·· 114
　　（一）斜拉桥及斜拉索 ··· 114
　　（二）OVM250 拉索体系 ·· 115
　　（三）斜拉索的施工工艺 ··· 118
　　（四）斜拉桥的换索 ··· 124

十三、体外索工程及应用 ·· 126
　　（一）体外预应力技术简介 ··· 126
　　（二）OVM 体外预应力体系主要特点及基本组成 ··· 126
　　（三）两种类型体外索锚具及主要尺寸 ··· 129

（四）OVM 体外预应力体系在工程上的应用 ·················· 131

十四、大吨位构件液压提升及顶推牵引技术 ·················· 136

十五、边坡锚固技术 ·················· 143

第六篇　预应力安全管理及常见问题处理

十六、预应力安全管理 ·················· 146

　　（一）安全宣传与教育 ·················· 146

　　（二）安全管理制度 ·················· 147

　　（三）预应力施工安全措施 ·················· 148

十七、预应力施工常见问题及处理办法 ·················· 151

　　（一）预应力材料、锚夹具常见问题及处理办法 ·················· 151

　　（二）预应力设备常见问题及处理办法 ·················· 156

　　（三）预应力工程常见问题及处理办法 ·················· 159

第七篇　现场实习

十八、穿心式千斤顶的拆装 ·················· 165

十九、YDC240QX 前卡式千斤顶的拆装 ·················· 168

二十、ZB4-500 电动油泵的结构 ·················· 171

二十一、现场张拉实习 …………………………………………………………… 173
主要参考文献 ………………………………………………………………… 174
后记 …………………………………………………………………………… 175

第一篇　预应力基础知识

一、预应力基本概念

(一) 预应力技术的基本原理

预应力就是结构在承受荷载之前预先施加的力，目的是为了在结构中预先产生内力或整体变形，以抵消或减弱结构在荷载作用下产生的内力或变形。

在几个世纪前人们就已经开始使用预应力技术，当时人们用竹皮或绳索缠绕木桶，并通过沿桶壁鼓形轮廓收紧而使桶箍受拉，从而在桶板之间产生预压力，当木桶盛水后，水压产生的环向拉力只能抵消木板与木板之间的一部分预压力，而木板与木板之间仍保持受压的紧密状态。这就是预应力的简单原理。

20世纪20年代，法国E.Freyssinet成功的将预应力技术运用到工程上面，从而推动了预应力材料、设备及工艺的发展。施加了预应力的钢筋混凝土被称为预应力混凝土，预应力混凝土目前在工程上运用很广，那么它有哪些优点呢？要了解预应力混凝土，首先要了解钢筋混凝土。

（二）钢筋混凝土构件

1. 钢筋混凝土的概念

（1）混凝土是一种用水泥、水及砂石骨料按一定比例混合而成的人造石料，混凝土抗压能力较强而抗拉能力很弱；钢材抗拉和抗压能力都很强；两者结合成为钢筋混凝土，其中混凝土主要承压，钢筋主要承拉。

（2）钢筋混凝土的优点

钢筋混凝土除了合理利用钢筋和混凝土两种材料的性能外，还有下列优点：

1）整体性好：钢筋混凝土结构特别是现浇钢筋混凝土结构的整体性能好，具有较好抵抗房屋荷载和地震作用的能力。

2）耐久性好：混凝土的强度随时间的增长而增加，同时，混凝土对钢筋起到保护作用，正常情况下钢筋不易腐蚀。

3）耐火性好：钢筋被混凝土所保护，火灾时钢筋不会很快达到软化温度而导致结构的整体破坏。

4）可模性好：可以根据设计的需要浇筑成各种形状和尺寸的结构构件。

5）取材方便：钢筋混凝土构件除钢筋和水泥外，所需大量的砂石材料，可以就地取材，便于组织运输。

钢筋混凝土构件的主要缺点是自重大，现浇钢筋混凝土比较费工、费模板，施工周期长，施工时间受季节影响大；抗裂、隔热和隔声性能较差；补强修复比较困难等。

2. 混凝土强度等级

我国以混凝土立方体抗压强度标准值来表示混凝土强度等级，混凝土强度等级共 14 级，即：C15、C20、C25、C30、C35、C40、C45、C50、C55、C60、C65、C70、C75、C80，其中 C 表示混凝土，C 后面的数字表示立方体抗压强度标准值的大小（单位：N/mm^2）。

《混凝土结构设计规范》（GB 50010—2002）规定：预应力混凝土结构的混凝土强度等级不应低于 C30，当采用碳素钢丝、钢绞线、热处理钢筋作为预应力筋时，要求混凝土强度等级不宜低于 C40。

3. 钢筋的种类

钢筋混凝土结构所用的钢筋，按照其生产工艺、机械性能和加工方法的不同，可以分为热轧钢筋、冷拉钢筋和热处理钢筋。

（三）预应力混凝土的基本知识

1. 预应力混凝土的原理

在钢筋混凝土结构中施加预应力，就会获得预应力钢筋混凝土，简称预应力混凝土。一般来说，混凝土在结构中承受压力，结构中的拉力主要由钢筋来承受，钢筋混凝土的受力情况如图 1-1 所示：

在普通钢筋混凝土结构中，正常使用荷载作用下钢筋拉应力达到 $20 \sim 40 N/mm^2$ 时，混凝土就开裂了。要使钢筋混凝土构件不出现裂缝，则钢筋强度就不能充分利用，要想充分利用钢筋强度，则裂缝开展过大就会影响耐久性。要解决钢筋混凝土存在的上述问题，关键就在于消除受拉区混凝土裂缝的出现与开展过大的问题。解决的方法是在结构构件承受外荷载之前，预先施加一个力，使在荷载作用下的受拉区混凝土预先存在预压应力。由于下部混凝土有预压应力而产生一定的压缩变形，使梁向上弯曲（称为反拱），如图 1-2 所示。

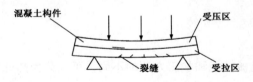

图 1-1　钢筋混凝土受力情况

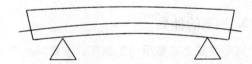

图 1-2　反拱

受荷载后，梁开始向下弯曲，下部混凝土中的预应力随之减小，即由外荷载在构件中所引起的拉应力被预压应力抵消了一部分，梁的反拱也随之减小，随着荷载的增加，梁继续向下弯曲，当预压应力全部抵消时，混凝土中的应力等于零，梁恢复平直状态，如图 1-3 所示。

一、预应力基本概念

继续增加荷载,梁继续向下弯曲,使下部混凝土出现拉应力,如图1-4所示。

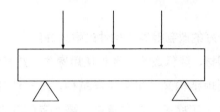

图1-3 预压应力全部被抵消

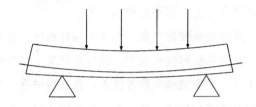

图1-4 混凝土中出现拉应力

当拉应力超过混凝土抗拉强度的限值后,结构将出现裂缝,如图1-5所示。

2. 采用预应力混凝土具有的优点

预应力混凝土结构构件一般是通过张拉预应力筋的回弹、挤压,使混凝土截面受到预压力,部分或全部抵消使用荷载产生的应力。由此可见,预应力是为改善结构构件的裂缝和变形性能,在使用前预先施加的永久性内应力,预应力筋中的拉应力与混凝土中的压应力组成了一个自平衡体系。

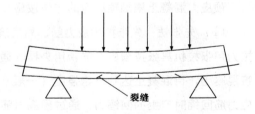

图1-5 结构出现裂缝

5

预应力不能提高混凝土的强度，预应力构件常选用高强混凝土，预应力构件承载力的提高得益于高强混凝土，而不是预加应力。

通过消除使用荷载下形成的多数裂缝，预加应力能较好的改善混凝土构件的耐久性。

据有关资料分析表明：预应力混凝土结构能够节约钢材、降低造价、延长使用寿命，并有耐火、耐高压、耐高温和耐震等优点，且适应性强，既可用于陆地结构又可用于海洋结构，是一种综合性能较好的结构型式。预应力混凝土的不足之处主要有：施工工序多，制作复杂，需要专门的张拉和锚固设备，对施工人员要求较高，为了确保安全和工程质量，从事预应力施工的人员最好经过专门培训，经考核通过并由建设部颁发上岗证以后才上岗。

3. 预应力混凝土施加预应力的方法

预应力混凝土施加预应力的方法按施加预应力的时间可分为先张法和后张法。

（1）先张法：先张拉预应力筋、后浇筑混凝土的方法。具体过程是，先在台座上按设计规定的拉力用张拉机具张拉预应力筋，用夹具（通俗称为工具锚）将其临时固定在台座或模板上，然后浇筑混凝土，待混凝土达到一定强度（一般不低于设计强度的75%）后，把张拉的预应力筋放松，预应力筋回缩时产生的回缩力，通过预应力筋与混凝土之间的粘结作用传递给混凝土，使混凝土获得了预压应力。先张法构件中的预应力是依靠预应力筋和混凝土之间的粘结力建立起来的。

先张法一般用于生产中小型构件，施工工艺简单，可以大批量生产预应力混凝土构件，重复利用模板，节省大量的锚具，是一种非常经济的施加预应力的方法。

（2）后张法：先浇筑混凝土，待混凝土结硬并达到一定的强度后，再在构件上张拉预应力筋的方法。具体过程是：先浇筑混凝土，并在构件中配置预应力钢筋的部位上预留出孔道，待混凝土达到一定强度（不低于设计强度的75%）后，将预应力筋穿过预留孔道，以构件本身作为支承对预应力筋进行张拉，同时混凝土被压缩并获得预压应力。当预应力筋达到设计拉力后，用锚具将其锚固在构件两端，保持预应力筋和混凝土内的应力。最后，在预留孔内压注水泥浆，保护预应力筋不被锈蚀，并与混凝土粘结为整体。后张法构件中的预应力是依靠构件两端的锚具建立起来的。

后张法是靠锚具来传递和保持预加应力的，工作锚不能重复使用。该法应用最广，尤其是用于大中型的预应力混凝土构件。后张法施工方法如图1-6所示。

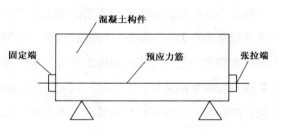

图1-6 后张法结构示意图

二、预应力理论介绍

(一) 预应力损失

预应力混凝土结构施工制作的关键在于保证结构具有最终的有效预应力,以满足结构预期的抗裂、变形、强度等要求。

预应力筋的张拉由于采用不同的施工方法和不同的锚具形式,以及材料的特性等影响,使张拉后建立起来的应力逐渐降低,降低后剩余下的预应力筋应力,称为有效预应力。从张拉建立起的应力到有效预应力这一过程中所出现的应力减少称之为预应力损失。预应力损失值的大小是影响构件抗裂性能和刚度的关键。应力损失过大,不仅会减小混凝土的预压应力,降低构件的抗裂性能,降低构件的刚度,而且可能导致预应力的失败。因此,在施工中要尽量减少预应力损失。

(二) 有粘结和无粘结预应力的区别

后张有粘结预应力技术是通过在结构或构件中预留孔道,允许孔道内预应力筋在张拉时可自由滑动,张拉完成后在孔道内灌注水泥浆或其他类似材料,而使预应力筋与混凝土永久粘结不产生滑动的施工技术。

二、预应力理论介绍

后张无粘结预应力混凝土在施工时无需预留孔道，而是在无粘结预应力筋的表面涂上一层专用润滑防锈油脂，再裹上一层防护塑料套管。浇筑混凝土前，无粘结筋同普通钢筋一样施工，按设计要求铺放和绑扎在模板内，待混凝土强度达到设计要求75%混凝土强度等级时，即可进行张拉、锚固，预加应力靠锚具传给混凝土便完成全部预应力工序。

第二篇 预应力筋及锚夹具

三、预应力筋

用于预应力工程中的预应力筋按材料类型可分为：钢丝、钢绞线、钢筋和非金属预应力筋。

（一）预应力混凝土用钢丝

预应力混凝土用钢丝按加工状态分为冷拉钢丝和消除应力钢丝两类，消除应力钢丝按松弛性能又分为低松弛级钢丝和普通松弛级钢丝；按外形分为光面钢丝、螺旋肋钢丝和刻痕钢丝。

1. 冷拉钢丝

冷拉钢丝是经冷拔后直接用于预应力混凝土的钢丝，这种钢丝存在残余应力，屈强比低，伸长率小，仅用于铁路轨枕、压力水管和电线杆等。

2. 消除应力钢丝

消除应力钢丝（又称矫直回火钢丝）是冷拔后经旋转的矫直辊筒矫直，并回火处理的钢丝，属于普通松弛级钢丝。这种钢丝广泛用于房屋、桥梁、市政、水利等工程。

3. 刻痕钢丝

刻痕钢丝是用冷轧或冷拔方法使钢丝表面产生规则变化的凹痕或凸纹的钢丝。其性能与消除应力钢丝相同。表面凹痕或凸纹可增加钢丝与混凝土的握裹力。刻痕钢丝的外形有两面刻痕与三面刻痕。这种钢丝可用于先张预应力混凝土构件。

4. 低松弛钢丝

低松弛钢丝（又称稳定化处理钢丝）是冷拔后在张力状态下经回火处理的钢丝。这种钢丝已逐步在房屋、桥梁、市政、水利等大型工程中推广应用，具有较强的生命力。

5. 镀锌钢丝

镀锌钢丝是用热镀或电镀方法在表面镀锌的钢丝。其性能与低松弛钢丝相同。镀锌钢丝的抗腐蚀能力强，主要用于悬索桥和斜拉桥的拉索，以及环境条件恶劣的拉杆。常用规格 $\phi5$、$\phi7$ 钢丝。

（二）预应力混凝土用钢绞线

预应力混凝土用钢绞线是用多根冷拉钢丝在绞线机上成螺旋形绞合，并经消除应力回火处理制成。钢绞线的整根破断力大、柔性好、施工方便，在预应力施工中应用广泛，具有广阔的发展前景。

预应力混凝土用钢绞线按结构不同可分为 5 类，其代号为：

（1）用两根钢丝捻制的钢绞线 1×2。

(2) 用 3 根钢丝捻制的钢绞线 1×3。

(3) 用 3 根刻痕钢丝捻制的钢绞线 1×3I。

(4) 用 7 根钢丝捻制的标准型钢绞线 1×7。

(5) 用 7 根钢丝捻制又经模拔的钢绞线 (1×7) C。

钢绞线的产品标记应包含：预应力钢绞线结构代号、公称直径、强度级别、标准号。如：公称直径为 15.20 mm，强度级别为 1860MPa 的 7 根钢丝捻制的标准型钢绞线，其标记为：

预应力钢绞线 1×7 - 15.20 - 1860 - GB/T 5224—2003

1×7 钢绞线是冷拉光面钢丝捻制成的标准型钢绞线，由 6 根外层钢丝绕着一根中心钢丝（直径加大 2.5%）绞成，用途广泛，如图 3-1 所示。

1×2 钢绞线与 1×3 钢绞线仅用于先张法预应力混凝土构件。

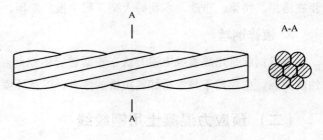

图 3-1　1×7 钢绞线外形图

成品钢绞线应用砂轮锯切割，切断后应不松散，如离开原来位置，可以用手复原到原位。后张预应力结构中常用的钢绞线规格为 1×7 标准型公称直径 15.20mm 和公称直径 15.70 钢绞线。

钢绞线的表面质量要求：①成品钢绞线的表面不得带有油、润滑脂等物资，钢绞线表面允许有轻微的浮锈，但不得有目视可见的锈蚀麻坑，钢绞线表面允许存在回火颜色；②钢绞线的伸直性，取弦长为1m的钢绞线，放在一平面上，其弦与弧的最大自然矢高不大于25mm。

（三）预应力混凝土用钢筋

预应力混凝土用钢筋主要指精轧螺纹钢筋，精轧螺纹钢筋是一种热轧成带有不连续的外螺纹的直条钢筋，见图3-2。这种钢筋在任意截面处均可用带有匹配形状的内螺纹的连接器或锚具进行连接或锚固，无需冷拉与焊接，施工方便，主要用于桥梁、房屋与构筑物直线筋。

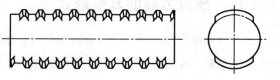

图3-2 精轧螺纹钢筋外形

（四）非金属预应力筋

非金属预应力筋（FRP）是相对预应力钢材而言的，它是指连续纤维增强塑料。多年来，欧美及日本等国进行了大量的开发研究工作，在材料特性、结构性能和工程试用等方面取得了不少成果。我国也已专门立项开展了FRP的研究与应用工作。研究表明这是一种很有前途的新型预应力筋。

FRP预应力筋与高强预应力钢材相比，它有如下特点：

(1) 抗拉强度高。

(2) 材料密度小。

(3) 耐腐蚀性良好。

(4) 膨胀系数与混凝土相近,温度影响小。

它的不足之处是弹性模量低、极限延伸率差、抗剪强度低、成本高。

(五) 预应力筋的其他形式

用于后张预应力混凝土结构中的预应力筋根据其施工工艺或深加工工艺的不同,又可分为:有粘结预应力筋、缓粘结预应力筋、无粘结预应力筋和体外预应力筋。预应力钢绞线的深加工产品还有环氧涂层钢绞线。下面简单介绍应用较广的无粘结预应力筋、斜拉索和环氧涂层钢筋。

1. 无粘结预应力筋

用于制作无粘结筋的钢材是由钢丝捻合而成的钢绞线或钢丝束,其质量应符合现行国家标准。无粘结预应力筋的制作,采用挤压涂塑工艺,外包聚乙烯或聚丙烯套管,内涂防腐建筑油脂,经过挤出成型机后,塑料包裹层一次成型在钢绞线或钢丝束上。

无粘结预应力筋在成品堆放期间,应按不同的规格分类成捆、成盘,挂牌整齐,堆放在通风良好的仓库中;露天堆放时,严禁放置在受热影响的场所,应搁置在支架上,不得直接与地面接触,

三、预应力筋

并覆盖雨布。在成品堆放期间严禁碰撞、踩压。

钢绞线无粘结预应力筋应成盘运输,碳素钢丝束无粘结预应力筋可成盘或直条运输。在运输、装卸过程中,吊索应外包橡胶、尼龙带等材料,并应轻装轻卸,严禁摔掷,或在地上拖拉,严禁锋利物品损坏无粘结预应力筋。

2. 斜拉索

斜拉索是用于斜拉桥、系杆拱桥、桅塔、屋盖、大型管道越江工程等各类索结构工程的拉索,也可用于桥梁、房屋结构作为体外预应力索。这种拉索的结构为:把若干根高强钢丝采用同心绞合方式一次扭绞成型,扭绞后在钢索上热挤防护层,拉索进行精确下料后两端加装冷铸锚具或热铸锚具进行预张拉,最后拉索以成盘或成卷方式包装。目前用钢绞线制作的斜拉索也在逐步推广使用。

3. 涂层钢筋和涂层钢绞线

螺纹钢筋及预应力钢绞线的防腐技术有许多种类,如镀锌、涂塑、涂尼龙、阴极保护、涂环氧有机涂层等。相比之下,涂环氧有机涂层防腐性能好,工艺简单,对环境无污染,大批生产成本较低,因此得到迅速发展。

涂有环氧树脂涂层的预应力钢绞线的运用也越来越多,由于其在防腐性能方面具有较大优势,涂有环氧树脂涂层的预应力钢绞线在工程的运用将会越来越广泛。

（六）预应力钢材的订购与存放

预应力钢材一般由专业生产厂生产，质量要求达到国家标准。

预应力钢材一般成盘供应，其中钢绞线一般成卷交货，无轴包装，每盘、卷应捆扎结实，捆扎不少于6道，经双方协议，可加防潮纸、麻布等材料包装。订货时除要求其力学性能外，还可以对预应力筋盘重、直径公差、长度等具体指标提出要求，以满足工程需要。

预应力钢材进场后应立即按供货组批进行抽样检查，每一合同批应附有质量证明书，其中应注明：供方名称、地址和商标、规格、强度级别、需方名称、合同号、产品标记、质量、件数、执行标准号、试验结果、检验出厂日期、技术监督部门印记，检查合格后，应将预应力筋存放在通风良好的仓库中。露天堆放时，应搁置在方木支架上，离地高度不小于200mm。钢绞线堆放时支点数不得少于4个，方木宽度不少于100mm，堆放高度不多于3盘。无粘结筋堆放时支点数不少于6个，垫木宽度不少于300mm，码放层数不多于两盘。预应力筋存放应按供货批号分组、每盘标牌整齐，上面覆盖防雨布。预应力筋吊运应采用专用支架，三点起吊。

（七）预应力钢材的检验

预应力钢材出厂时，在每捆（盘）上都要求挂标牌，并附出厂质量证明书。预应力钢材进场时，按以下规定进行验收。

1. 预应力混凝土用钢丝检验

（1）组批规则

钢丝应成批检查和验收，每批应由同一牌号、同一规格、同一加工状态的钢丝组成，每批质量不大于60t。

（2）检验项目

1）外观检查

钢丝外观应逐盘验收，钢丝表面不得有裂缝、小刺、劈裂、机械损伤、氧化铁皮和油迹，但表面允许有浮锈和回火色。钢丝直径检查按10%盘选取，但不得少于6盘。

2）力学性能试验

钢丝外观检查合格后，从每批中任意选取10%盘（不少于6盘）的钢丝，从每盘钢丝的两端各截取一个试样，一个做拉伸实验（抗拉强度与伸长率），一个做反复弯曲试验。

（3）结果判定

如有某一项试验结果不符合《预应力混凝土用钢丝》GB/T 5223—2002标准要求，则该盘钢丝为不合格品；并从同一批未经试验的钢丝盘中再取双倍数量的试样进行复试（包括该项试验所要求的任一指标）。如仍有一个指标不合格，则该批钢丝为不合格品或逐盘检验取用合格品。

钢丝屈服强度检验,按2%盘数选取,但不得小于3盘。

2. 预应力混凝土用钢绞线检验

(1) 组批规则

预应力钢绞线应成批验收,每批应由同一牌号、同一规格、同一生产工艺捻制的钢绞线组成,每批重量不大于60t。

(2) 检验项目

按GB/T5224—2003《预应力混凝土用钢绞线》中的要求,进行表面、外形尺寸、钢绞线伸直性、整根钢绞线最大力、规定非比例延伸力、最大总伸长率和应力松弛性能检验。

(3) 伸长率检验方法

钢绞线伸长率的量测方法:在测定伸长为1%时的负荷后,卸下引伸计,量出试验机上下工作台之间的距离L_1,然后继续加荷直至钢绞线的1根或几根钢丝被破坏,此时量出上下工作台的最终距离L_2,L_2-L_1值与L_2比值的百分数加上引伸计测得的百分数,即为钢绞线的伸长率。

如果任何一根钢丝破坏之前,钢绞线的伸长率已达到所规定的要求,此时可以不继续测定最后伸长率。如因夹具原因产生剪切断裂,所得最大负荷及延伸未满足标准要求,试验是无效的。

(4) 检验结果判定

按标准规定的某一项检验结果不符合标准规定时,则该盘卷不得交货。并从同一批未经试验的钢绞线盘卷中取双倍数量的试样进行该不符合项目的复验,复验结果即使有一个试样不合格,则整批钢绞线不得交货,或进行逐盘检验合格后交货。

3. 预应力混凝土用钢筋检验

(1) 组批规则

预应力混凝土用钢筋应成批检查及验收。每批由同一炉罐号、同一规格和同一交货状态的钢筋组成。

(2) 检验项目及判定

按 GB/T20065—2006《预应力混凝土用螺纹钢筋》中规定的项目进行化学成份、拉伸、松弛、疲劳、表面、重量偏差的检验,钢筋的复验和判定应符合 GB/T17505—1998《钢及钢产品交货一般技术要求》的规定。

四、预应力锚固体系及验收标准

预应力锚固体系通常根据所锚固预应力筋的不同分为钢绞线锚固体系、钢丝束锚固体系及钢筋锚固体系。预应力筋用锚具、夹具和连接器按锚固方式不同,可分为夹片式、支承式、锥塞式和握裹式四种,其中夹片式锚具指单孔和多孔夹片锚具,支承式包含镦头锚具、螺丝端杆锚等,锥塞式指钢质锥形锚,握裹式包含挤压锚具、压花锚具等。

(一) 钢绞线锚固体系

在我国,预应力钢绞线锚固体系于 20 世纪 80 年代中期研制成功。国内最早的预应力钢绞线锚具是中国建筑科学研究院 1987 年通过部级鉴定的 XM 型三片式钢绞线锚具。目前,国内锚具厂已达数十家。

预应力钢绞线由于强度高,弯曲成盘运输、施工方便,应用最为广泛,锚固钢绞线的锚固体系也是多种多样。

1. 夹片圆锚体系

夹片式圆锚体系是在一块圆形多孔锚板上,利用每个锥形孔装一副夹片夹持一根钢绞线的一种锲紧式锚具。这种锚具的优点是任何一根钢绞线锚固失效,都不会引起整束锚固失效,每束钢绞线

四、预应力锚固体系及验收标准

的根数不受限制（目前用得较多的为 1~55 根），这种锚固体系在国际上运用最为广泛，在国内已比较成熟，常用的有 OVM、QM 等锚固体系。这些锚固体系的构成和外形尺寸基本上大同小异，主要区别是在核心部件——夹片的设计上，OVM 工作夹片是两片式，QM 工作夹片是三片式。夹片式圆锚体系结构见图 4-1：

图 4-1　夹片式圆锚体系结构图

(1) OVM 锚固体系

OVM 锚固体系是在借鉴国内外锚具的基础上研制成功的一种高性能锚具，在设计时还考虑实际工况，尤其是施工中钢绞线沾有油脂等不利于锚具锚固的因素，通过优化锚具构造参数，使设计出的两片式 OVM 工作夹片具有很好的跟进性，经多次反复张拉后仍能跟进平齐不碎裂，可以达到很高的锚固系数。OVM 型锚具主要由工作锚板、工作夹片、锚垫板、螺旋筋组成，见图 4-2。

夹片内孔开有倒锯齿形齿，表面经过碳、氮共渗，确保夹片齿能咬紧钢绞线，锚板选用合适的材料和热处理方式，确保锚板不会炸裂。锚垫板是整体铸造，将端头垫板和喇叭筒铸成整体，可解决混凝土承受的大吨位局部压力及预应力孔道与端头垫板垂直的问题，锚垫板上还设有灌浆孔和安装孔。OVM 锚具已形成一个较为完善的体系，夹持 $\phi15.24$、$\phi15.7$ 及 $\phi12.7$、$\phi12.9$ 的每种孔位的锚具均已设计，其中部分孔位锚具尺寸参数见表 4-1：

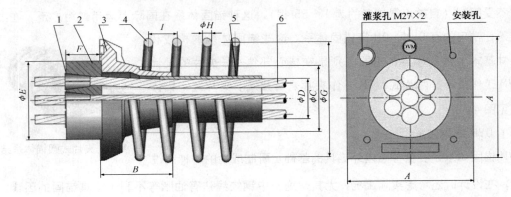

图 4-2 OVM 型锚具结构图

1—夹片；2—锚板；3—锚垫板；4—螺旋筋；5—波纹管；6—预应力筋

OVM.M15、OVM.M13 锚具参数表　　　　　表4-1

型 号	锚垫板		波纹管	锚板	螺 旋 筋			
	$A×B×\phi C$	安装孔孔距	ϕD（内径）	$\phi E×F$	ϕG	ϕH	I	N
OVM.M15-1	80×80×δ14	—	—	φ46×48	φ80	φ6	30	4
OVM.M13-1	80×80×δ14	—	—	φ43×43	φ80	φ6	30	3
OVM.M15-2	115×100×φ80	80	45	φ85×48	φ115	φ8	40	4
OVM.M13-2	115×100×φ80	80	45	φ75×50	φ110	φ6	30	3

四、预应力锚固体系及验收标准

续表

型　号	锚垫板		波纹管	锚板	螺　旋　筋			
	$A \times B \times \phi C$	安装孔孔距	ϕD（内径）	$\phi E \times F$	ϕG	ϕH	I	N
OVM.M15-3	135×110×φ83	95	50	φ85×48	φ130	φ10	50	4
OVM.M13-3	120×130×φ80	85	45	φ80×50	φ120	φ10	50	3
OVM.M15-4	165×120×φ93	120	55	φ100×48	φ150	φ12	50	4
OVM.M13-4	135×130×φ80	95	50	φ90×50	φ135	φ10	50	3
OVM.M15-5	180×130×φ93	135	55	φ115×48	φ170	φ12	50	4
OVM.M13-5	145×130×φ80	105	50	φ100×55	φ145	φ12	50	4
OVM.M15-6	210×160×φ108	145	70	φ126×48	φ200	φ12	50	4
OVM.M13-6/7	165×130×φ94	120	60	φ115×55	φ165	φ12	50	4
OVM.M15-7	210×160×φ108	145	70	φ126×50	φ200	φ12	50	4
OVM.M13-8	190×150×φ100	135	60	φ130×55	φ175	φ12	50	4
OVM.M15-8	220×160×φ125	160	80	φ143×53	φ216	φ14	50	5
OVM.M13-9	190×150×φ108	135	70	φ137×60	φ190	φ14	50	4
OVM.M15-9	240×180×φ125	180	80	φ152×53	φ240	φ14	50	5
OVM.M13-10/11	216×180×φ134	160	80	φ157×60	φ216	φ14	50	5
OVM.M15-10	270×210×φ140	200	90	φ166×55	φ270	φ14	60	5
OVM.M13-12	216×180×φ134	160	80	φ157×60	φ216	φ14	50	5
OVM.M15-11	270×210×φ140	200	90	φ166×57	φ270	φ16	60	5
OVM.M13-13	230×180×φ136	190	80	φ157×60	φ230	φ16	60	5
OVM.M15-12	270×210×φ140	200	90	φ166×60	φ270	φ16	60	5
OVM.M13-14	230×180×φ136	190	80	φ165×65	φ230	φ16	60	5

OVM锚具代号表示含义,以 M15-7B 为例,"M"表示圆锚,"15"表示用于直径为 15 的钢绞线(含 φ15.24 和 φ15.7 两种规格),"7"表示锚板上有 7 个装夹片的孔,"B"表示工作锚板。

(2) QM 锚固体系

QM 锚具由于夹片为三片式,张拉锚固时最好采用顶压方式,以确保夹片跟进平齐。

2. 夹片扁锚体系

扁锚体系由扁型锚板、夹片及扁型锚垫板组成,见图 4-3。扁锚的优点:张拉槽口偏小,可减少混凝土板厚,钢绞线单根张拉,施工方便,这种锚具特别适用于简支 T 梁、空心板、城市低高度箱梁以及桥面横向预应力等。

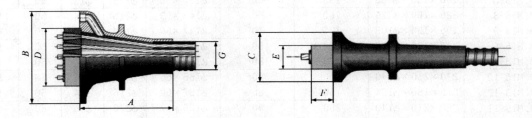

图 4-3 夹片扁锚结构图

OVM扁锚体系基本参数见表4-2：

BM13、BM15扁形锚具基本参数　　　　表4-2

钢绞线根数	锚垫板（mm）			锚板（mm）			波纹管内孔尺寸	
	A	B	C	D	E	F	G	H
2	150	160	80	80	48	50	50	19
3	190	200	90	115	48	50	60	19
4	235	240	90	150	48	50	70	19
5	270	270	90	185	48	50	90	19

3. H型压花锚具

当需要将张拉力传递到混凝土中时，可以采用H型锚具作为固定端。H型压花锚具包括带梨形自锚头的一段钢绞线、支撑自锚头的钢筋支架、螺旋筋、约束圈和金属波纹管或塑料波纹管，见图4-4：

H型压花锚具参数见表4-3。

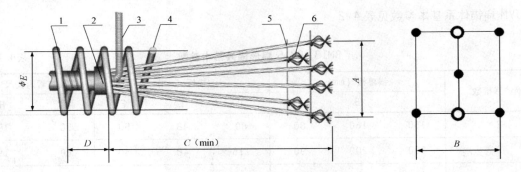

图 4-4　H 型压花锚具结构图

1—波纹管；2—约束圈；3—排气管；4—螺旋筋；5—支架；6—钢绞线梨形自锚头

H 型压花锚具参数表　　　　表4-3

型　号	钢绞线根数	A	B	C (min)	D	ϕE
OVM.H_{13}^{15}-3	3	190 (130)	90 (70)	950 (650)	145 (145)	—
OVM.H_{13}^{15}-4	4	190 (150)	210 (170)	950 (650)	145 (145)	—
OVM.H_{13}^{15}-5	5	200 (160)	220 (180)	950 (650)	145 (145)	—
OVM.H_{13}^{15}-6/7	6/7	210 (170)	230 (190)	1300 (850)	155 (155)	200 (170)
OVM.H_{13}^{15}-9	9	270 (220)	310 (250)	1300 (850)	155 (155)	240 (200)

四、预应力锚固体系及验收标准

续表

型　　号	钢绞线根数	A	B	C (min)	D	φE
OVM.H$_{13}^{15}$-12	12	330 (270)	390 (310)	1300 (850)	155 (155)	240 (200)
OVM.H$_{13}^{15}$-19	19	390 (310)	470 (390)	1300 (950)	155 (155)	270 (240)
OVM.H$_{13}^{15}$-27	27	450 (410)	520 (430)	1700 (1150)	155 (155)	320 (270)
OVM.H$_{13}^{15}$-31	31	510 (430)	570 (470)	1700 (1150)	165 (155)	390 (320)
OVM.H$_{13}^{15}$-37	37	510 (430)	690 (570)	2000 (1680)	185 (165)	390 (350)
OVM.H$_{13}^{15}$-43	43	550 (560)	750 (580)	2500 (1680)	210 (185)	465 (370)
OVM.H$_{13}^{15}$-55	55	620 (560)	850 (680)	2500 (1980)	240 (185)	500 (390)

注：括号内为 OVM13 参数。

4. P 型挤压锚具

P 型挤压锚具是在钢绞线头部套上挤压套，通过专用机具挤压，使挤压套产生塑性变形后握紧钢绞线，钢绞线的张拉力通过挤压套由专用垫板传递给构件的一种锚具。P 型挤压锚具主要包括挤压套（含挤压簧）、螺旋筋、固定端锚板、约束圈，P 型挤压锚具在施工中用作固定端。其结构如图 4-5 所示：

P 型挤压锚具参数见表 4-4。

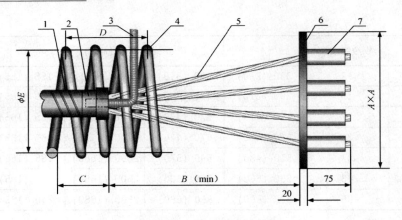

图 4-5　P 型挤压锚具结构图

1—波纹管；2—约束圈；3—排气管；4—螺旋筋；5—钢绞线；6—固定端锚板；7—挤压套

OVM15、13 P 型挤压锚具参数表　　　　表4-4

规格 尺寸	2	3	4	5	6/7	8	9	10	11	12	13	14	15	16	17	18
$A \times A$	100 (90)	120 (100)	150 (120)	170 (140)	200 (150)	220 (170)	220 (170)	250 (220)	250 (220)	250 (220)	250 (220)	260 (250)	260 (250)	260 (250)	290 (250)	300 (250)

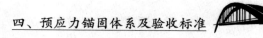

四、预应力锚固体系及验收标准

续表

规格 尺寸	2	3	4	5	6/7	8	9	10	11	12	13	14	15	16	17	18
B (min)	180 (120)	180 (120)	240 (180)	300 (180)	380 (300)	440 (380)	440 (380)	500 (440)	500 (440)	500 (440)	500 (440)	560 (500)	560 (500)	560 (500)	720 (500)	720 (500)
C	110 (85)	110 (85)	110 (110)	110 (110)	120 (100)	120 (110)	120 (110)	135 (120)	135 (120)	135 (120)	135 (120)	135 (135)	135 (135)	135 (135)	135 (135)	135 (135)
D	200 (200)	200 (200)	250 (200)	250 (200)	250 (100)	300 (250)	300 (250)	300 (250)	300 (250)	300 (250)	300 (250)	300 (300)	300 (300)	300 (300)	300 (300)	300 (300)
ϕE	150 (130)	150 (130)	170 (150)	200 (170)	200 (170)	240 (200)	240 (200)	240 (216)	240 (216)	240 (216)	240 (216)	270 (240)	270 (240)	270 (240)	270 (240)	270 (240)

注：括号内为OVM13参数。

5. 连接器

连接器用于连续构件的预应力筋的接长，有单根、多根两种形式。单根连接器用于接长未张拉的钢绞线，两端均采用夹片连接；多根连接器用于接长钢绞线束，通常用于连续梁中，是一种带翼的锚板，它的一端支承在原锚垫板上，另一端设置夹片，即可按常规方法张拉钢绞线束，并予以锚固。在每根接长钢绞线的端部加上P型锚具挤压套，并将它与钢绞线逐根挂入连接器的翼板内，完成钢绞线束

的接长。连接器主要由连接体、保护罩、约束圈、夹片等组成,其结构见图4-6:

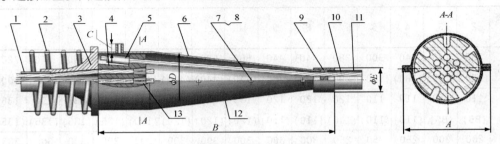

图4-6 连接器结构图

1—波纹管;2—螺旋筋;3—锚垫板;4—连接体;5—挤压头;6—保护罩Ⅰ;7—六角螺栓;
8—六角螺母;9—约束圈;10—钢绞线;11—波纹管;12—保护罩Ⅱ;13—夹片

连接器参数 见表4-5与表4-6。

OVM.L15 连接器参数表　　　　　　　表4-5

连接器型号	A	B	C	ϕD	ϕE
L15-(2~3)	214	590	25	154	80
L15-4	230	660	25	170	85
L15-5	244	722	25	184	85

四、预应力锚固体系及验收标准

续表

连接器型号	A	B	C	ϕD	ϕE
L15-(6~7)	258	722	25	198	100
L15-8	272	739	25	212	110
L15-9	282	783	25	222	110
L15-(10~13)	298	809	25	238	120
L15-14	308	809	25	248	120
L15-(15~17)	332	915	25	272	120
L15-(18~19)	336	932	25	276	140
L15-(21~22)	356	1020	25	296	170
L15-(25~27)	386	1074	25	326	180
L15-31	434	1241	25	374	180

OVM.L13 连接器参数表　　　　表4-6

连接器型号	A	B	C	ϕD	ϕE
L13-(2~3)	184	606	25	144	65
L13-4	194	628	25	154	70

续表

连接器型号	A	B	C	ϕD	ϕE
L13-5	204	677	25	164	70
L13-(6~7)	219	694	25	179	80
L13-9	241	791	25	201	90
L13-12	261	791	25	221	100
L13-19	300	918	25	260	120

（二）钢丝束锚固体系

钢丝束锚固体系，主要解决以高强度钢丝束为预应力筋的张拉锚固问题，由于结构简单、价格低廉，至今一些工程上还在使用。用于钢丝束锚固的锚具，主要有镦头锚具和钢质锥形锚具（弗氏锚）。

1. 钢丝束镦头锚固体系

在镦头张拉锚固体系中，是把预应力筋的端头部分在常温状态下镦粗成型后挂在锚具上锚固的。这种锚具加工简单、张拉方便、锚固可靠、成本低廉，还可节约两端伸出的预应力钢丝，但对钢丝的等长下料要求较严。这种锚具可以和拉杆或使用拉杆撑脚的穿心式千斤顶组合，进行后张法或先张法施工。

四、预应力锚固体系及验收标准

钢丝束镦头锚固体系分为张拉端锚具和固定端锚具。

(1) 张拉端锚具

钢丝束镦头锚固体系的张拉端锚具根据其使用方式的不同,可以分为锚杯型镦头锚具、锚环型镦头锚具和锚板型镦头锚具。

1) 锚杯型镦头锚具

锚杯型镦头锚具由锚杯与螺母组成,见图4-7。锚孔布置在锚杯的底部,灌浆孔设在杯底的中部。张拉前,锚杯缩在预留孔道内;张拉时,将张拉杆拧在锚杯内螺纹上,将钢丝束拉出来用螺母固定。这种锚具最为常见,但在构件端部要留扩大孔。

2) 锚环型镦头锚具

锚环型镦头锚具由锚环与螺母组成,见图4-8。这种锚具与锚杯型锚具不同点是锚孔布置在锚环上,且内螺纹穿通,以便于孔道灌浆,主要用于小吨位钢丝束的张拉。

3) 锚板型镦头锚具

锚板型镦头锚具由带外螺纹的锚板和半圆形垫片组成,见图4-9。张拉前,锚板位于构件端头。张拉时,利用工具式连接头拧在锚板的外螺纹上,将钢丝束拉出来用半圆形垫片固定。这种锚具主要用于短束。

(2) 固定端锚具

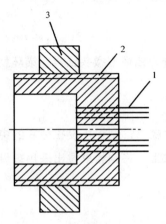 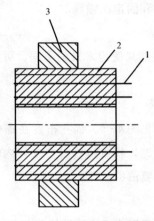 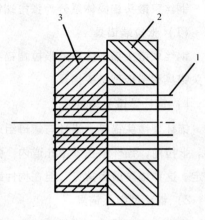

图 4-7　锚杯型镦头锚具图　　　图 4-8　锚环型镦头锚具图　　　图 4-9　锚板型镦头锚具图
1—钢丝；2—锚环；3—螺母　　1—钢丝；2—锚环；3—螺母　　1—钢丝；2—半圆形垫片；
　　　　　　　　　　　　　　　　　　　　　　　　　　　　3—带螺纹的锚板

钢丝束镦头锚固体系的固定端锚具根据其使用方式的不同，可以分为镦头锚板、带锚芯的镦头锚板及半粘结锚具。

1）镦头锚板

镦头锚板是结构最简单，最常用的镦头锚固定端锚具，其结构见图 4-10：

2) 带锚芯的镦头锚板

带锚芯的镦头锚板又称活动锚板,见图4-11,它将锚板分成锚芯和螺母两部分以便于镦头穿束。

3) 半粘结锚具

半粘结锚具是埋在混凝土中部分靠粘结、部分靠锚板分散应力的锚具,见图4-12,据试验数据分析,当钢丝的锚固长度不小于50cm时,粘结部分可承担钢丝抗拉强度的10%~20%,其余由锚板承担。

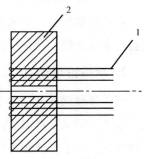

图4-10 镦头锚板图

1—钢丝;2—锚板

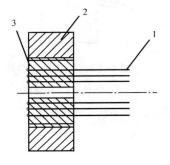

图4-11 带锚芯的镦头锚板图

1—钢丝;2—螺母;3—锚芯

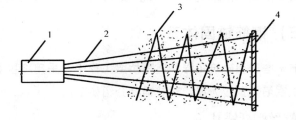

图4-12 半粘结锚具图

1—波纹管;2—钢丝;3—螺旋筋;4—锚板

（3）镦头锚连接器

钢丝束的接长，可采用钢丝束连接器，镦头锚连接器是一个带内螺纹的套筒或带外螺纹的连杆。

2. 钢质锥形锚具

钢质锥形锚具（又称弗式锚具），见图4-13。它是由锚环及锚塞组成。预应力钢丝张拉以后，由千斤顶将锚塞顶入锚环，径向分力使锚塞牙卡住钢丝。当千斤顶卸荷时，钢丝弹性回缩带动锚塞进入锚环。由于楔形原理，越楔越紧，径向分力越大，使锚塞与钢丝间不产生滑移。

钢质锥形锚具回缩为5~8mm。张拉时采用YZ85千斤顶。

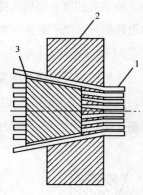

图4-13　钢质锥形锚具

1—钢丝束；2—锚环；
3—锚塞

（三）钢筋锚固体系

目前一些房屋建筑工程和道路桥梁工程中，采用冷拉Ⅱ、Ⅲ级钢筋及精轧螺纹钢筋为预应力筋，对其锚具介绍如下：

1. 螺丝端杆锚具

螺丝端杆锚具见图4-14。

螺丝端杆锚具，一般根据张拉力来选用拉杆式千斤顶或穿心式千斤顶进行张拉施工。

四、预应力锚固体系及验收标准

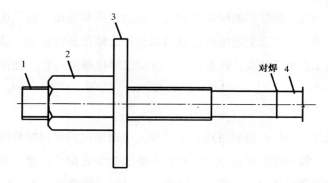

图 4-14　螺丝端杆锚具图

1—螺丝端杆；2—螺母；3—垫板；4—预应力钢筋

当采用冷拉时，其机械性能经试验不应低于被拉钢筋。

螺丝端杆与预应力冷拉钢筋的对焊，应在冷拉前进行，对焊接头中，对焊接头的毛刺应在穿入孔道之前修除，以免影响预应力冷拉钢筋的穿入和张拉。在对焊、冷拉、运输、穿入孔道、安装千斤顶等操作中，必须注意保护螺丝端杆上的螺纹，防止碰伤、烧伤。

2. 精轧螺纹钢筋的锚具和连接器

精轧螺纹钢筋的锚具和连接器是锚固和连接精轧螺纹钢的预应力体系。目前在桥梁及建筑工程中应用,尤其是多用于预应力筋较短的桥梁中的竖向筋的锚固和连接。由于这种钢筋整根都轧有规则的非完整的外螺纹,使用时可在钢筋纵长任意截面处拧上螺母进行锚固,这种体系具有连接与锚固简单、安全可靠、施工方便等优点,还避免了高强钢筋焊接难的问题。使用YCW60B穿心式千斤顶张拉较为方便。

（1）锚具

精轧螺纹钢筋的锚具由螺母和垫板组成。螺母分为平面螺母和锥形螺母两种,垫板也相应的使用平面垫板和锥面垫板。锥形螺母可通过锥体与锥形垫板的锥孔配合,便于预应力筋正确对中,螺母上开缝,其作用是增强螺母对预应力筋的夹持能力,但加工较麻烦,费用较高。目前常用的平面螺母与平面垫板的外形构造见图4-15,在垫板的底面,应开设排气槽。

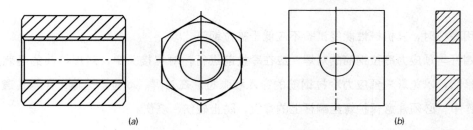

图4-15 精轧螺纹钢筋的锚具图
(a) 精轧螺纹钢筋螺母；(b) 精轧螺纹钢筋垫板

（2）连接器

精轧螺纹钢筋用连接器的构造见图4-16。

（四）锚、夹具验收标准

20世纪70年代以后，国际上对预应力混凝土工程使用的锚、夹具标准提出了明确的要求。1972年，国际预应力混凝土协会（FIP）

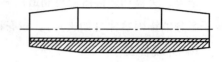

图4-16　精轧螺纹钢筋的连接器图

颁布了第一个"后张拉预应力体系验收建议"。1993年6月，国际预应力混凝土协会颁布了第三次"后张拉预应力体系验收建议"。国际预应力混凝土协会颁布了第三次"后张拉预应力体系验收建议"后，我国根据该建议对GB/T 14370—1993《预应力筋用锚具、夹具和连接器》进行了修订，制订了GB/T 14370—2000《预应力筋用锚具、夹具和连接器》，经过几年的使用，又对该标准进行了修订，制订了GB/T 14370—2007《预应力筋用锚具、夹具和连接器》，我国各类锚具都应达到国标GB/T 14730—2007《预应力筋用锚具、夹具和连接器》要求。

1. 技术性能要求

锚具、夹具和连接器都应具有可靠的锚固性能、足够的承载能力和良好的适用性，以保证充分发挥预应力筋的强度，并安全地实现预应力张拉作业。

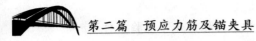

2. 出厂验收方法及试验规定

（1）出厂验收方法

锚具、夹具和连接器应有制造厂名、产品型号或标记、制造日期或生产批号，对容易混淆而又难于区分的锚固零件（如夹片），应有识别标志。锚具、夹具和连接器进厂时应按下列规定验收：

1）外观检查：

从每批中抽取5%～10%锚具检查其外观质量和外形尺寸，如全部样品无裂纹，影响锚固能力的尺寸符合设计要求，应判为合格；如发现一件有裂纹，则应对全部产品逐件检查，合格者方可使用。

2）硬度检查：

对有硬度要求的零件应做硬度检验，按热处理每炉装炉量的3%～5%抽样，当硬度值符合设计要求的范围应判为合格；如有一个零件不合格，则应另取双倍数量的零件重做检验，如仍有一个零件不合格，则应对本批零件逐个检验，合格者方可使用。

3）静载锚固能力检验、疲劳荷载检验及周期荷载检验：

经过上述两项试验合格后，应从同批中抽取锚具（夹具或连接器），组成预应力筋——锚具（夹具或连接器）组装件，进行静载锚固能力检验、疲劳荷载检验及周期荷载检验，如有一个试件不符合要求，则应另取双倍数量的锚具（夹具或连接器）重做试验，如仍有一个试件不合格，则该批

四、预应力锚固体系及验收标准

锚具（夹具或连接器）为不合格品。

锚具（夹具或连接器）的静载锚固能力检验、疲劳荷载检验及周期荷载检验，对于一般工程，也可由生产厂家提供试验报告。

对于一般出厂检验只进行外观、硬度和静载试验检验即可，如进行型式检验则还需要进行疲劳试验及周期荷载试验。

（2）试验规定

试验用的预应力筋——锚具、夹具或连接器组装件应由产品零件和预应力筋组装而成。组装时锚固零件必须擦拭干净，不得在锚固零件上填加影响锚固性能的物资，如金刚砂、石墨、润滑剂等（设计规定的除外）。束中各根预应力筋应等长平行，其受力强度不应小于3m。单根钢绞线组装件试件，不包括夹持部位的受力长度不应小于0.8m。

试验用预应力钢材应经过选择，全部力学性能必须严格符合该产品的国家标准或行业标准；同时，所选用的预应力钢材其直径公差应在受检锚具、夹具或连接器产品设计的匹配范围内，对符合要求的预应力钢材应先进行母材性能试验，试件不应少于6根，证明其符合国家或行业标准后才可用于组装件试验。

第三篇 预应力设备

预应力混凝土构件进行混凝土浇筑以后,一般强度达到设计要求的80%左右就要进行预应力张拉作业。要想完成后张预应力施工,需使用多种机械设备,其中主要设备有:预应力张拉设备、挤压机、压花机、镦头器、真空泵、灌浆机及辅助设备等。

五、张拉设备

张拉设备主要介绍预应力筋张拉用液压千斤顶、高压油泵。

(一) 液压千斤顶

预应力用液压千斤顶多为穿心式千斤顶,它由电动高压油泵提供动力,推动千斤顶完成对预应力筋的张拉、锚固作业。此类千斤顶除供预应力张拉使用,还可以配套卡具作重物提升,以及大吨位千斤顶用作预应力混凝土桥梁顶推施工等。

从20世纪60年代起,我国已能自己设计、生产预应力穿心式千斤顶,随着建筑业的迅速发展,预应力桥梁及建筑结构的设计越来越多,预应力行业得到长足的进步,预应力高强钢丝,钢绞线国内现在都已能大批量生产,与其配套的群锚 OVM、QM 等锚固体系诞生,张拉施工机具也不断完善。目前,国内设计的预应力千斤顶,额定油压力提高到 50MPa 甚至到 60MPa,张拉吨位在 180～12000kN,并已系列化,能够满足各种预应力工程的需要。主要有 YCW、YCQ、YDC 等型预应力千斤顶。

1. 千斤顶分类及标记

按照预应力用液压千斤顶 JG/T 5028—1993 行业标准,分类及代号见表 5-1。

预应力用液压千斤顶分类和代号　　　　表5-1

型　式	拉杆式	穿心式			锥锚式	台座式
		双作用	单作用	拉杆式		
代　号	YDL	2YDC	YDC	YDCL	YDZ	YDT

预应力用液压千斤顶型号由类型、代号及基本参数组成,见图 5-1。

在实际设计中,有些生产厂家按设计习惯未严格按以上标准进行编制,如使用比较广泛的 YCW250B-200 千斤顶的各部分表示如图 5-2:

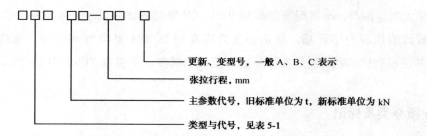

图 5-1 预应力用液压千斤顶型号

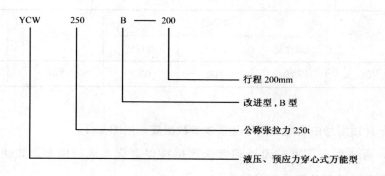

图 5-2 YCW250B-200 千斤顶型号

2. 液压千斤顶技术要求

（1）对环境的要求

1）预应力液压千斤顶对所采用的油品质有严格要求，通常用 L-HM32 或 L-HM46 液压油。油液应注意清洁，防止在安装油管时把污垢、泥砂、棉丝带入油缸，造成缸体拉毛、摩阻增加，甚至损坏油缸。通常在半年或使用 500h 后更换一次油液。

2）使用聚氨酯制造的防尘圈和密封圈时，应注意周围环境和液压油的防水、防潮，以延长使用寿命。

3）结构设计时应注意保证千斤顶张拉操作用的空间。一般情况下，直径方向应有 10~20mm 间隙（见图 5-3a），长度方向上应长于张拉活塞完全伸出后的千斤顶总长度和完成张拉后外露的预应力索长度之和（见图 5-3b）。表 5-2 为常规穿心式千斤顶张拉时所必须的空间。

常规穿心式千斤顶必须空间　　　　表 5-2

千斤顶型号	千斤顶外径 D (mm)	千斤顶长度 L (mm)	活塞行程 (mm)	最小工作空间 B (mm)	最小工作空间 C (mm)	钢绞线预留长度 A (mm)
YDC240QX	108	580	200	1000	70	200
YCW100B	214	370	200	1220	150	570
YCW150B	285	370	200	1250	190	570
YCW250B	344	380	200	1270	220	590
YCW350B	410	434	200	1354	255	620

续表

千斤顶型号	千斤顶外径 D (mm)	千斤顶长度 L (mm)	活塞行程 (mm)	最小工作空间 B (mm)	C (mm)	钢绞线预留长度 A (mm)
YCW400B	432	400	200	1320	265	620
YCW500B	490	564	200	1484	295	620
YCW650A	610	640	200	2000	330	850
YCW900A	670	600	200	2200	450	1000
YCW1200A	790	600	200	2400	500	1200

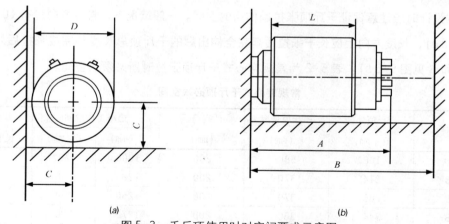

图 5-3 千斤顶使用时对空间要求示意图
(a) 直径方向距离要求 (b) 长度方向距离要求

4)千斤顶的标定工作,应在具有检测条件和资格的部门进行。标定用的标准仪器可选用材料试验机、压力试验机或压力传感器。

(2)进场验收

液压千斤顶在张拉使用前进行试验及验收,避免在正式使用时发生故障影响工作。试验及验收工作参照 JG/T 5028—1993《预应力用液压千斤顶》行业标准中部分出厂检验项目进行。

1)空载运行

按液压系统要求,连接好高压油泵和千斤顶。启动油泵(按油泵、千斤顶使用说明书操作),当油泵回油管无气泡、排油正常后,操作控制阀使千斤顶空载往复运动,检查油路系统,不得有渗漏;千斤顶空载启动油压应小于额定油压的4%;各操作阀灵活自如;千斤顶在空载运行中应无爬行、跳动等不正常现象;观察行程是否符合要求。

2)满载检验

在有条件时进行满载运行检验,如果无条件时也可以结合千斤顶标定时进行满载检验。

3)千斤顶的负载效率检验:

在 JG/T 5028—1993《预应力用液压千斤顶》标准中规定了预应力液压千斤顶试验方法和规定,负载效率表示见式(5-1):

$$\eta = W/PA \times 100\% \tag{5-1}$$

式中 η——负载效率,%；

W——预应力用液压千斤顶输出力,kN；

P——工作油缸油压,MPa；

A——工作油缸面积,mm²。

穿心式液压千斤顶 $\eta>90\%$；拉杆式、锥锚式、台式预应力千斤顶 $\eta>93\%$。一般液压千斤顶的负荷效率系数都高于规定值，负荷效率系数越高，损失越小，对于 η 低于 95% 的千斤顶，张拉时应注意预应力筋的伸长值，否则 η 变化后可能造成拉断事故。

预应力千斤顶标定后，在使用过程中，负载效率系数的变化必须小于2%。有异常现象应及时检查原因，重新标定。

3. 穿心式千斤顶的结构

YCW 系列穿心式千斤顶是施工中运用最为广泛的一种千斤顶，图 5-4 以 YCW350B 千斤顶为例介绍其结构：

YCW350B 中"Y"表示液压，"C"表示穿心式，"W"表示万能，"350"表示额定张拉力，"B"表示为第二次改进。

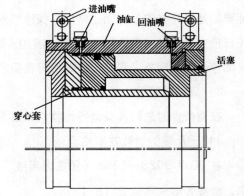

图 5-4　YCW350B 千斤顶结构图

（1）千斤顶标牌上各参数表示的意思及其如何计算。

1）公称张拉力 3497 kN。

2）公称油压 54 MPa。

3）张拉活塞面积 $6.476 \times 10^{-2} m^2$。

4）回程活塞面积 $3.462 \times 10^{-2} m^2$。

5）张拉行程 200 mm。

6）穿心孔径 ϕ175 mm。

7）公称张拉力 = 公称油压 × 张拉活塞面积。

8）张拉行程指活塞在油缸内的最大运行距离。

9）穿心孔径即穿心套的内径，其尺寸由穿过该型千斤顶的预应力筋最大尺寸决定。

（2）YCW350B 千斤顶使用注意事项：

1）新的或久置后的千斤顶，因油缸内有较多空气，开始使用时活塞可能出现微小的突调现象，可将千斤顶空载往复运行二～三次，以排除内腔空气。

2）油管在使用前应检查有无裂纹，接头是否牢靠，接头螺纹的规格是否一致，以防止在使用中发生意外事故。

3）千斤顶在工作过程中，加载、卸载应力求平稳，避免冲击。

4）千斤顶带压工作时，操作人员应站在两侧，端面方向禁止站人。

5）千斤顶有压力时，严禁拆卸液压系统中的任何零件。

6）千斤顶张拉行程为极限行程，工作时严禁超过。

（二）高压油泵

预应力高压油泵是预应力液压机械的动力源。油泵的额定油压和流量，必须满足配套机具的要求。

高压油泵按驱动方式分为手动和电动两种。目前国内生产油泵大部分为电动式高压油泵，它们能与各种预应力机具配套使用。

下面主要介绍在预应力施工中运用最广泛的 ZB4-500 电动油泵和 ZB10/320-4/800B 电动二级变量油泵：

1. ZB4-500 电动油泵

20 世纪 70 年代末，我国自主设计了 ZB4-500 电动油泵。目前它已广泛用于预应力领域，它目前用量、产量最大，是我国预应力工程使用的主要油泵。ZB4-500 电动油泵的外形图见图 5-5，技术性能见表 5-3。

图 5-5　ZB4-500 电动油泵外形图

五、张拉设备

ZB4-500 电动油泵技术性能　　　　　　　　　　　　　　　　表5-3

柱塞	直径	mm	10	电动机	型号		Y100 L2-4
	行程	mm	6.8		功系	kW	3
	个数	z	2×3		转数	r/min	1420
油泵转数		r/min	1420	出油嘴数		z	2
理论排量		mL/r	3.2	用油种类			液压油 L-HM32 或 L-HM46
额定油压		MPa	50	油箱容量		L	42
额定排量		L/min	2×2	质量		kg	120
				外形（长×宽×高）		mm×mm×mm	745×494×1052

ZB4-500 电动油泵是预应力施工中最常用的油泵，它也可表示为：ZB2×2-500。

"Z"表示柱塞泵；"2×2"表示双油路供油，每条油路的流量为 2L/min；"500"表示额定油压为 500bar，即为 50MPa。

(1) ZB4-500 电动油泵用途特点：本泵为使用额定油压为 50MPa 内的各种类型千斤顶的专用配套设备。ZB4-500 油泵由泵体、控制阀和车体管路三部分组成。

(2) ZB4-500 电动油泵的使用注意事项：

1）灌油：本油泵应优先采用液压油，根据环境温度实际情况也可采用 L-HM32 或 L-HM46 号液压油。灌前油需经过过滤。液面距离顶板高度不得超过 50mm。

2）初运转与排气：启动前泵内各容油空间可能充有空气。空气的存在将产生压力不稳流量不足。加压前必须打开控制阀，令油泵空运转至液流中无气泡产生为止。

3）本油泵所使用电机转向不限，可以正、反转交替使用。

4）本油泵上溢流阀在出厂之前已经调好，在使用时不能调动。

5）电源接线要加接地线，并随时检查各处绝缘情况，以免触电。

2. ZB10/320-4/800B 电动二级变量油泵

20世纪80年代，由于特大千斤顶对大流量的需要，我国又自主设计研制了 ZB10/320-4/800B 型电动二级变量油泵。该泵变量机构是利用控制的变量阀，在主路油压达到预定值之后，将大流量回路油流卸压至零，以减少功率消耗。

ZB10/320-4/800B 电动二级变量油泵外形如图5-6所示，主要由控制阀、变量阀、泵体以及车体管路四部分组成。

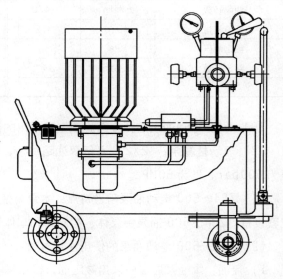

图5-6　ZB10/320-4/800B 电动二级变量油泵图

ZB10/320-4/800B 电动二级变量油泵适用于超高压、大吨位、长行程的举重、顶推（如顶推、顶管等）千斤顶，本泵具有在低压时流量大，高压时流量低，可换向，工作速度快，操作简单，适用范围广的特点。

ZB10/320-4/800B 电动二级变量油泵的主要规格及技术参数见表5-4：

ZB10/320-4/800B **电动二级变量油泵技术性能表**　　表5-4

项　目		单　位	低　压	高　压
额定压力		MPa	32	80
额定流量		L/min	10	4
油泵转速		r/min	1440	
柱塞	个数	个	3	3
	直径	mm	$\phi 14$	$\phi 12$
	行程	mm	9.874	
油箱容积		L	120	
用油种类			L-HM32 或 L-HM46 液压油	
外形尺寸		mm	1090×590×1120	
质量		kg	270	

ZB4-500 电动油泵和 ZB10/320-4/800B 电动二级变量油泵均为轴向柱塞泵,均由两套节流阀、截止阀、油压表、单向阀组成双回路。在工程中,有不同需要时,可将双油路合二为一,增设三位四通换向阀以满足快速换向张拉和回油的要求。也可以在每个油路上安置三位四通换向阀,使每一个油路能够驱动一台单作用千斤顶。

3. 电动高压油泵分类及标记方法

按照建筑机械行业标准,预应力用电动油泵的类型代号应符合表5-5规定。

预应力用电动油泵类型代号　　　　　　　　　　　表5-5

产品名称	叶片泵	齿轮泵	径向柱塞泵	轴向柱塞泵
代号(组型)	YBY	YBC	YBJ	YBZ

电动油泵型号的编制方法:

(1) 单级预应力用电动油泵型号见图5-7。

例如:YBZ2-50C 表示第三次改进设计的采用公称流量2L/min,公称压力50MPa的单油路供油轴向柱塞电动油泵。

(2) 二级预应力电动油泵型号见图5-8。

五、张拉设备

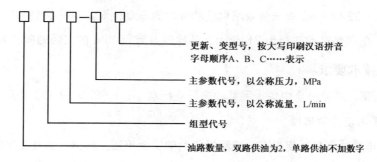

图 5-7　单级预应力用电动油泵型号

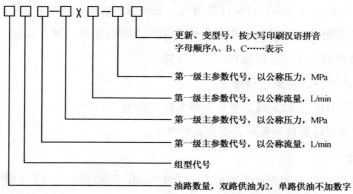

图 5-8　二级预应力电动油泵型号

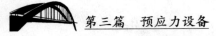

例如：2YBZ5-32X2-80 表示为双路供油的预应力电动油泵，第一级公称流量为5L/min，公称压力为32MPa，第二级公称流量为2L/min，公称压力为80MPa的二级轴向柱塞泵。

4. 高压油泵技术要求

生产的高压油泵，必须符合中华人民共和国行业标准 JG/T 5029—1993《预应力用电动油泵》。

（1）对环境要求及注意事项

1）预应力用电动油泵应采用具有一定防锈能力的工业用油，根据气温及使用条件选用不同牌号油。通常用 L-HM32 或 L-HM46 液压油。

2）油泵在使用过程及存放中，特别注意清洁，在油管拆装时，严禁将泥沙、污垢带入油管内及油箱中。液压油要定期更换，通常在半年或工作500h工时后更换一次。如果工作环境差，根据情况提早更换，以免造成泵及油路系统损坏，不能正常工作。

3）油内不得渗入水分，避免造成锈蚀。

4）油压表精度不得低于1.5级，量程为最大使用压力（1.3~1.6倍）为宜。

5）供电系统，应有可靠接地系统，避免漏电伤人。

（2）油泵的检验

对于新购入的油泵，或长期存放后启用前，应参照 JG/T 5029—1993《预应力电动油泵》标准进行检验，防止使用中出现故障影响工程进度。

1）空载运行

A．接通油路、电路后，启动前应对油液量进行检查，不得低于规定的下限。阀门处于打开位置。

B．空载启动后，观察电机旋转要平稳，无大震动和噪声。

C．运转正常后，检测空载测量，三次平均值不得低于理论设计值的95%，不高于理论流量110%。

D．空载检验合格后，可堵住排油口，进行满载检验，升至公称压力2min，观察有无渗漏及表针摆动情况。

2）满载运行

根据条件参照标准进行。

六、固定端制作设备

预应力筋固定端,即不需要在此端进行张拉,所以设计者将此端埋入混凝土中,因此也可称为埋入端。固定端也有放在构件外部,待张拉工作结束后再进行防护处理,进行二次浇筑混凝土的。放在构件外部的固定端形式,也可以选用张拉端锚具作固定端,如钢绞线和钢丝束用的夹片式锚具。本章主要介绍预应力筋为钢绞线和钢丝束埋入式的挤压锚、压花锚镦头锚作固定端的制作设备。

(一) 挤压机

挤压式固定端锚具是我国20世纪80年代研制成功的一种预应力产品,其锚具制作原理是套在钢绞线上的挤压簧和挤压套按图6-1与图6-2所示顺序安装,油泵向油缸供油后,顶压头将挤压簧、挤压套和钢绞线一起推入挤压模锥孔中,由于挤压模孔小端尺寸小于挤压套的外径尺寸,使挤压套牢牢的压缩在钢绞线上,挤压簧的内侧卡住钢绞线,外侧嵌入挤压套,使挤压套、挤压簧和钢绞线形成一个整体,制成锚固性能非常可靠的挤压式锚具。

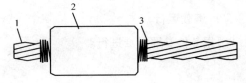

图6-1　挤压前挤压锚示意图
1—钢绞线;2—挤压套;3—挤压簧

1. 挤压机的结构

挤压机主要由千斤顶、挤压模、顶压头组成，它的结构示意简图见图6-3：

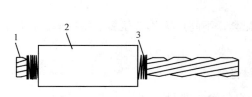

图6-2 挤压后挤压锚示意图
1—钢绞线；2—挤压套；3—挤压簧

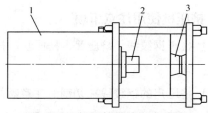

图6-3 挤压机结构示意简图
1—千斤顶；2—顶压头；3—挤压模

2. 挤压机的检验

挤压机主要由千斤顶和挤压模等组成，对于挤压机的检验及验收，参照千斤顶的标准进行。

（1）空载运行试验

挤压机与配套油泵连接后，首先空载启动油泵转动2~3min，冬季气温低时时间还应加长。然后，操纵控制阀，使千斤顶空载往返3次，观察油路系统有无渗漏，活塞运行是否正常，有无爬行现象，空载运行油压不得超过额定油压的4%，一切正常时，再进行负荷试验。

（2）满载试验

利用挤压机本身的螺杆、端板作为反力架。取下顶压头，在挤压模与活塞之间加装大于5cm厚度的钢垫块，使挤压机活塞伸出顶住垫块加载，油压升至额定油压，达到满负荷，观察油路系统等有无不正常现象。挤压机通过了满载检验后，就可以在工程中应用。

3. 挤压机使用注意事项

（1）检查钢绞线、挤压簧、挤压套、挤压模是否配套，不同厂家的挤压簧、挤压套、挤压模不能混用。

（2）挤压用的钢绞线在切割时注意断面齐整，不得歪斜。

（3）挤压时，应在挤压套外表面及挤压模内锥孔均匀涂一些具有润滑作用的物资，如二硫化钼，并注意顶压头与挤压模对中。

（4）挤压时，钢绞线要顶紧、扶正、对中。

（5）顶压头挤过挤压模后应立即回程。

（6）当压力超过额定油压仍未挤过时，应停止挤压，更换挤压模。

图6-4为挤压好的固定端挤压锚具。

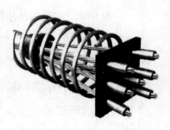

图6-4 挤压好的固定端挤压锚具图

（二）镦头器

镦头锚具是锚固高强钢丝束的主要锚具，其固定端见图6-5：

六、固定端制作设备

使用时，在每根钢丝端部用液压镦头器将其镦粗成大半圆形，钢丝的拉力由锚板承担，形成钢丝束为预应力筋的镦头锚固定端。

在预应力施工领域内比较常用的液压镦头器为 LD 系列镦头器。

1. 用途

LD 系列镦头器是一种预应力工程专用设备，除了可在各种后张法预应力工程中为高强度钢丝束镦头外，还可普遍应用在各预制厂的先张制品工艺中，能广泛运用于桥梁、铁路建设、民用建筑和工业厂房、预应力管子、电杆、水压机、水工建筑物及其他大型特种结构等方面的预应力结构。LD 系列镦头器结构轻巧、体积小、自重轻，能很方便地用于施工现场和高空作业。LD 系列镦头器进出油路合一，一次进油同时完成调整钢丝镦锻长度、夹紧钢丝和镦头三个动作。

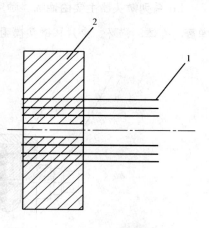

图 6-5　镦头器固定端
1—钢丝；2—锚板

2. LD 系列镦头器的构造及工作原理

（1） LD 系列镦头器构造

LD系列镦头器主要由油嘴、顺序阀、镦头活塞、夹紧活塞、镦头活塞回程弹簧、夹紧活塞回程弹簧、壳体、锚环、夹片和镦头模组成。其结构见图6-6：

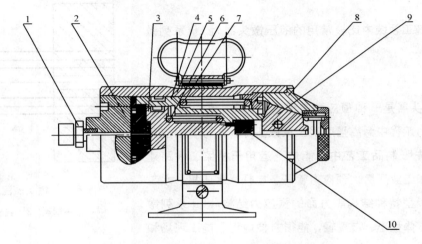

图6-6 LD系列镦头器构造图

1—油嘴；2—顺序阀；3—镦头活塞；

4—夹紧活塞；5—壳体；6—镦头活塞回程弹簧；

7—夹紧接着活塞回程弹簧；8—锚环；9—夹片；10—镦头模

(2) LD 系列镦头器工作原理

1) 开启油泵,钢丝插入镦头器,油泵加压,液压油从油嘴进入镦头器内,在钢丝未夹紧前,壳体内处于低压状态,此时顺序阀不开启,此时镦头活塞和夹紧活塞联成整体,徐徐向前推移,随之逐渐调整钢丝在镦头模的距离,使其适合预镦头成形所需要的长度,夹紧活塞推动夹片逐渐收拢,直至贴紧钢丝。

2) 夹片贴紧钢丝后,油压继续升高,钢丝随即被逐步夹紧,到设计所要求的预紧压力后,顺序阀开启,镦头活塞随油压升高推动镦头模向前移动(夹紧力也继续增大),迫使钢丝在镦锻长度内塑性变形,获得所要求的头形。

3) 卸去油压,依靠回程弹簧使各部分复位,取出钢丝,完成一次镦头。对镦好的头形状尺寸要严格的检验,如果出现不符合规范要求时,要及时调整压力或查找原因,完全调整好后才能正式进行钢丝镦头作业。

3. LD 系列镦头器技术参数

LD 系列镦头器运用较多的有 LD10 和 LD20 两种,LD10 主要用于镦 $\phi 5$ 的钢丝,通过更换镦头模和夹片也可以镦 $\phi 4$、$\phi 3$ 的钢丝,LD20 主要用于镦 $\phi 7$ 的高强钢丝,通过更换镦头模和夹片也可以镦 $\phi 6$、$\phi 5$ 的钢丝,两种镦头器的技术参数见表 6-1:

镦头器技术参数 表6-1

项目规格			LD10型	LD20型
工作对象	镦头	mm	φ5碳素钢丝	φ7碳素钢丝
	切筋	mm	≤φ12	≤φ16
额定油压		MPa	39	43
镦头力		kN	88.2	165
切筋力		kN	166.6	323
动刀片行程		mm	12	20
质量	镦头器	kg	10	15
	切筋器	kg	11	16.5
外形尺寸	镦头器	mm	φ98×279×199	φ120×319×249
	切筋器	mm	φ98×326×199	φ120×369×249

4. 镦头锚的质量控制

镦头锚具的质量在进场后要按施工规范的规定严格执行检验控制。对钢丝的选材、下料、镦头应按以下要求进行检验：

（1）镦头用的钢丝应选用具有可镦性的符合国标要求的钢丝。

(2) 下料后的钢丝截面应与钢丝垂直，倾斜时难保证镦头质量。

(3) 先试行镦头，镦头形状和尺寸符合要求后，再正式进行作业。镦头头形要圆整，不得歪斜，不得有裂纹。头颈部母材性能不得受削弱。以 $\phi 5$ 钢丝为例，头形尺寸：外径 $d = \phi 7 \sim \phi 7.5mm$，高度 $h = 4.8 \sim 5.3mm$。

(4) 在镦头作业中经常进行外观检验和形状尺寸检验，如发现不正常现象，认真调整及查找原因，排除后方可继续进行作业。

（三）压花机

压花机是用于预应力钢绞线固定端制作的一种预应力设备，其结构见图6-7，钢绞线经压花机压成梨状，埋入混凝土中，并需要一段粘结长度，构成钢绞线固定端。压花锚多用于有粘结钢绞线，在预应力桥梁中应用较广。

1. 压花机工作原理

压花机的结构见图6-7，主要由油缸、活塞杆、机架以及夹紧钢绞线的夹具等组成。挤压时将要压花的钢绞线，插入活塞杆端部孔内，操作夹紧把手把钢绞线夹紧后，向油缸中供压力油使活塞杆伸出，当压力足够大时，把钢绞线压散成梨状。

压花机产品外形见图6-8：

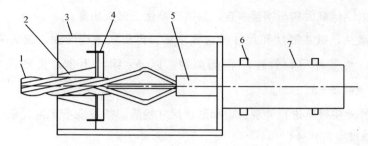

图 6-7 压花机结构示意图

1—钢绞线；2—夹具；3—机架；4—夹紧把手；5—活塞杆；6—油嘴；7—油缸

图 6-8 压花机产品外形图

2. 压花机技术参数（表6-2）

压花机技术参数　　　　　　　　　　表6-2

型号	最大顶压力（kN）	最大油压（MPa）	油缸面积（cm^2）	最大行程（mm）
HY3	30	20	16	120
HY20	20	16	12.6	120
YH30	25	30	9.6	100

3. 压花机的检验

（1）空载运行

压花机在正式使用前，首先接好油路、电路，启动油泵，使压花机空载运行，检查有无爬行、漏油等不正常现象，操作夹紧把手，看是否灵活。一切正常后可进行满负荷试验。

（2）满载试验

满载试验是让活塞杆全部伸出后继续使油压升至压花机额定油压的1.25倍，观察有无漏油，缸体有无变形等不正常现象。

（3）压花锚检验

为保证压花后几何尺寸符合要求,在正式投入压花作业前,必须进行压花试件检验,就是用工程实际应用的钢绞线,在压花机上进行操作,对压好的梨形固定端,进行尺寸检查。钢绞线压花后形成的压花锚具见图6-9:

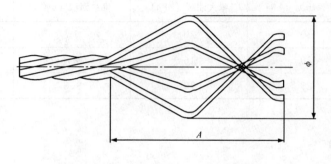

图6-9 压花锚具图

压花锚具的尺寸应符合表6-3的规定:

压花锚具尺寸　　　　表6-3

钢绞线公称直径 D_n (mm)	ϕ (mm)	A (mm)	钢绞线公称直径 D_n (mm)	ϕ (mm)	A (mm)
12.7	70~80	130	15.2	85~95	150
12.9	70~80	130	15.7	85~95	150

七、灌浆设备

灌浆设备是用于后张法预应力构件的预应力筋张拉后，往孔道里灌充水泥浆所用的设备，孔道灌浆的目的是使预应力筋与构件有良好的粘结力，防止预应力筋的腐蚀，提高结构的抗裂性和耐久性，传统的灌浆设备包括灰浆搅拌设备及灰浆泵。

近几年来，一种新的灌浆技术逐步广泛应用，这就是真空灌浆。真空灌浆是后张预应力混凝土结构施工中的一项新技术，其基本原理是：在孔的一端采用真空泵对孔道进行抽真空，使之产生 $-0.1MPa$ 左右的真空度，然后用灌浆泵将优化后的特种水泥浆从孔道的另一端灌入，直至充满整个孔道，并加以 $\leqslant 0.7MPa$ 的正压力，以提高预应力孔道的饱满度和密实度。采用真空灌浆工艺是提高后张预应力混凝土结构安全度和耐久性的有效措施。

真空灌浆和传统的灌浆相比有以下优点：

（1）在真空状态下，孔道内的空气、水汽以及混在水泥浆中的气泡被消除，有效的减少了孔隙、泌水现象。

（2）灌浆过程中孔道具有良好的密封性，使浆体保压及充满整个孔道得到保证。

（3）工艺及浆体优化，消除了裂缝的产生，使灌浆的饱满性及强度得到保证。

（4）真空灌浆过程是一个连续且迅速的过程，缩短了灌浆时间。

真空灌浆常用的设备有真空泵、灌浆机和塑料焊接机。

（一）真空泵

真空灌浆常用的真空泵为 SZ-2 型真空泵，其外形及技术参数见图 7-1 和表 7-1：

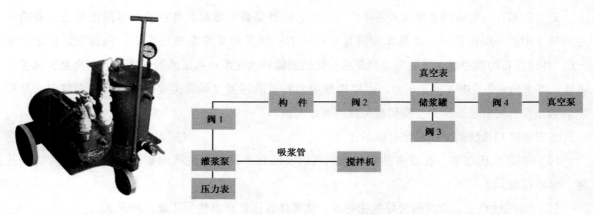

图 7-1　真空泵

图 7-2　真空灌浆时各设备及部件连接

SZ-2 型真空泵技术参数表　　　　表7-1

型　号	抽气速率	极限真空（真空度）	额定功率	重　量
SZ-2	120m³/h	4000Pa	4kW	120kg

该真空泵的优点：

（1）操作安全、方便、可靠、出气量大。

（2）该真空泵抽真空和拆卸都比较方便，无须拆卸任何零部件即可完成清洗工作。

真空灌浆时各设备及部件连接见图7-2：

（二）灌浆泵

真空灌浆常用的灌浆泵为UBL3螺杆式灌浆泵，该机的结构及技术参数见图7-3和表7-2：

图7-3　UBL3螺杆式灌浆泵

UBL3 螺杆式灌浆泵技术参数表　　　　表7-2

型　号	输送量	最大工作压力	输送距离	单机重量
UBL3	3m³/h	2.5MPa	水平：400m　垂直：90m	200kg

UBL3 螺杆式灌浆泵的特点：

（1）出力稳定。

（2）操作安全、方便、可靠。

（3）流量和压力的调节简单方便，适用于各种长度或直径的预应力束的灌浆。

（三）塑料焊接机

由于塑料波纹管的耐腐蚀性能远远优于金属波纹管，它不怕酸、耐腐蚀，它本身不腐蚀，能有效地保护预应力筋不受腐蚀，因此在真空灌浆施工中，许多工程都是采用塑料波纹管，塑料焊接机能有效的将塑料波纹管与塑料波纹管进行焊接。

目前常用的塑料焊接机为 PHJ 塑料焊接机，该机适合于各种 PE 塑料管的热熔对接焊，带有横断面切削功能，温度可调，焊接迅速牢固，使用方便，不需要任何焊接料，其接口强度与塑料管本体同等强度和性能。

PHJ 塑料焊接机外形及技术参数见图 7-4 和表 7-3：

图 7-4 PHJ 塑料焊接机

七、灌浆设备

主要技术参数表　　　　　　　　　　　表7-3

热封外形尺寸 (mm)	热封速度 (只/min)	电　　源	工作台高度 (mm)	外形尺寸（L×W×H） mm×mm×mm	整机重量 (kg)
φ10~φ170	30	AC380V；50Hz；2kW	460	600×420×420	70

73

第四篇　预应力混凝土施工

预应力混凝土施工分为后张有粘结预应力施工、后张无粘结预应力混凝土结构施工和先张法施工。

八、后张有粘结预应力施工

（一）概述

后张有粘结预应力技术是通过在结构或构件中预留孔道，允许孔道内预应力筋在张拉时可以自由滑动，张拉完成后在孔道内灌注水泥浆或其他类似材料，而使预应力筋与混凝土永久粘结不产生滑动的施工技术。

后张有粘结预应力技术在房屋建筑中，主要用于钢梁、刚架结构，各种梁系结构，平板楼盖结构也可采用预留扁形孔道施工的后张有粘结预应力工艺。在特种工程结构中，该技术主要用于大直径煤仓、水泥仓、核安全壳、水池、电视塔、压力隧洞、水塔等结构物或构筑物中。在桥梁结构中，后张有粘结预应力技术广泛应用于大跨径简支梁板结构、连续梁结构、T形刚构和连续刚构等大跨径桥梁中。

（二）后张有粘结预应力施工工艺

后张有粘结预应力技术一般用于预制大跨径简支梁、简支板结构，屋面梁、屋架结构，各种现浇预应力结构或块体拼装结构。后张有粘结预应力施工工序较多，其主要工艺流程见图8-1：

（三）预应力筋下料及制作

1. 预应力筋下料长度

预应力筋下料长度的计算，应考虑预应力钢材品种、锚具形式、焊接接头、镦粗头、冷拉伸长率、弹性回缩率、张拉伸长值、台座长度、构件孔道长度、张拉设备与施工方法等因素。

（1）钢丝束下料

1）采用钢质锥形锚具，用锥锚式千斤顶在构件上张拉时，钢丝的下料长度 L_0 如图8-2所示计算：

A．两端张拉

$$L_0 = L + 2(L_1 + L_2 + 80) \tag{8-1}$$

B．一端张拉

$$L_0 = L + 2(L_1 + 80) + L_2 \tag{8-2}$$

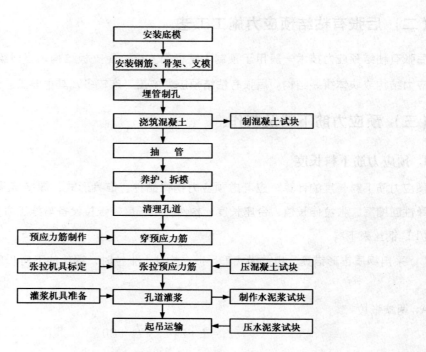

图 8-1　后张有粘结预应力施工工序

式中 L——构件孔道长度,cm;

L_1——锚环厚度,cm;

L_2——千斤顶分丝头至卡盘外端距离,对 YZ85 型千斤顶为 47cm(包括大缸伸出 4cm)。

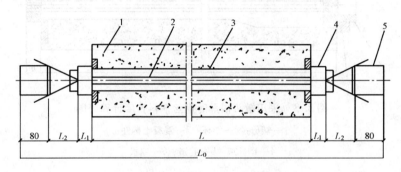

图 8-2 钢质锥形锚具张拉示意图

1—混凝土构件;2—钢丝束;3—孔道;

4—钢质锥形锚具(弗式锚);5—锥锚式千斤顶

2)采用镦头锚具,以拉杆式或穿心式千斤顶在构件上张拉时,钢丝的下料长度 L_0 计算,应考虑钢丝束张拉锚固后螺母位于螺母中部,见图 8-3:

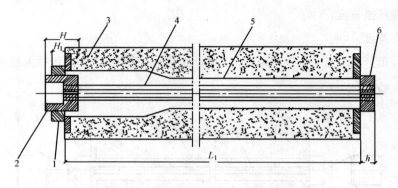

图 8-3 采用镦头锚具时钢丝下料长度计算简图
1—螺母；2—锚杯；3—混凝土构件；
4—钢丝束；5—孔道；6—锚板

$$L = L_1 + 2(h + h_1) - K(H - H_1) - \Delta L - C \tag{8-3}$$

式中 L_1——构件孔道长度，按实际丈量；

h——锚板厚度；

h_1——钢丝镦头留量；

K——系数，一端张拉时取 0.5，两端张拉时取 1.0；

H——锚杯高度；

H_1——螺母高度；

ΔL——钢丝束张拉伸长值；

C——张拉时构件混凝土的弹性压缩值。

（2）钢绞线下料长度

钢绞线束采用夹片锚具时，钢绞线的下料长度 L 按下面两种情况计算：

1）一端张拉时

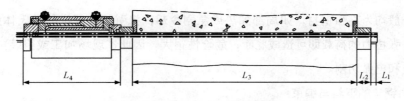

图 8-4　钢绞线下料长度

$$L = L_1 + 2 \times L_2 + L_3 + L_4 \tag{8-4}$$

式中　L_1——固定端钢绞线露出锚具的长度，一般取 $100 \sim 200 \mathrm{mm}$；

L_2——工作锚厚度；

L_3——应力筋孔道长度；

L_4——张拉端千斤顶的工作长度。

2）两端张拉时

当采用两端张拉时，可用式（8-5）计算：

$$L = L_3 + 2(L_2 + L_4) \tag{8-5}$$

当固定端采用内埋式 P 型挤压锚具或 H 型压花锚具时，钢绞线的下料长度应算至锚具内埋的位置。

2. 预应力筋下料与编束

预应力筋一般均为高强钢材，如局部加热或急剧冷却，将引起该部位的马氏体组织脆性变态，使用时小于允许张拉力的荷载即可造成脆断，危险性很大，因此，现场加工或组装预应力筋，不得采用加热、焊接和电弧切割。

（1）预应力钢丝的下料与编束

1）预应力钢丝的下料

下料一般在平坦的场地进行，长度测量误差应控制在 −50 ~ +100mm 以内，不应使钢丝直接接触地面。钢丝下料时如发现钢丝表面有电接头或机械损伤，应及时剔除。

采用镦头锚具时，钢丝的等长要求较严。同束钢丝下料长度的相对差值（指同束钢丝中最长与最短的长度之差）不应大于 $L/500$（L 为钢丝下料长度），且不得大于 5mm。为了达到这一要求，钢丝下料可用钢管限位法或用牵引索在拉紧状态下进行。

2）预应力钢丝的编束

为保证钢丝束两端钢丝排列顺序一致，穿束与张拉时不致紊乱，每束钢丝都必须进行编束，选用锚具不同，编束方法也有差异。

采用镦头锚具时，根据钢丝分圈布置的特点，首先将内圈和外圈钢丝分别用铁丝按顺序编扎，然后将内圈钢丝放在外圈钢丝内扎牢。为了简化钢丝编束，钢丝的一端可直接穿入锚杯，另一端在距端部约20cm处编束，以便穿锚板时钢丝不紊乱，钢丝束中间部分可根据长度适当编扎几道。

采用钢质锥形锚具（弗氏锚）时，钢丝编束可分为空心束和实心束两种，但都需要圆盘梳丝板理顺钢丝，并在距钢丝端部5~10cm处编扎一道，使张拉分丝时不致紊乱。采用空心束时，每隔1.5m放一个弹簧衬圈，其优点是束内空心，灌浆时每根钢丝都被水泥浆包裹，钢丝束的握裹力好，但钢丝束外径大，穿束困难，钢丝受力也不均。采用实心束可简化工艺，减少孔道磨擦损失。

（2）钢绞线的下料与编束

钢绞线下料场地应平坦，下垫方木或彩条布，不得将钢绞线直接接触土地以免生锈，也不得在混凝土地面上生拉硬拽，擦伤钢绞线，下料长度测量误差应控制在-50~+100mm以内，钢绞线的盘重大、盘卷小、弹力大，为了防止在下料过程中钢绞线紊乱并弹出伤人，事先应制作一个简易的铁笼。下料时，将钢绞线盘卷装在铁笼中，从盘卷中逐步抽出，较为安全。

钢绞线的下料宜用砂轮切割机切割，不得采用电弧切割。用砂轮切割机下料具有操作方便、效率高、切口规则无毛头等优点，尤其适合现场使用。

钢绞线的编束用20号钢丝绑扎，间距1~1.5m，编束时应先将钢绞线理顺，并尽量使各根钢绞线松紧一致，如单根穿入孔道，则不编束，但应在每根钢绞线上贴上标签，标明长度及代号以利于分类存放和穿束。

（3）钢筋束的下料与编束

钢筋束的钢筋直径一般在12mm左右，钢筋束的制作包括开盘冷拉、下料、编束等工作。

钢筋束的下料，可在冷拉和镦粗后进行。下料后的钢筋，按规定的根数编织成束，方法同钢丝束。采用镦头的钢筋束时，在编束时先将镦头相互错开5~10cm，待穿入孔道后再用锤敲平。

（4）下料安全事项

预应力筋下料应遵守用电设备安全规定，操作安全事项等，因为收成小盘径后，其内应力较高，放盘及切割时易弹出伤人因此一定要注意安全。

3. 固定端制作

根据实际工程选用不同的固定端，用不同的固定端制作设备进行固定端制作。采用镦头锚时，φ5钢丝用LD10镦头器进行镦头，φ7钢丝用LD20镦头器进行镦头，镦头尺寸应符合标准。采用挤压锚时，用挤压机进行挤压头的制作，采用压花锚时，用压花机进行压花。

（四）预留孔道

1. 预应力筋孔道布置

预应力筋的孔道形状有直线、曲线和折线三种。孔道的直径与布置，主要根据预应力混凝土构件或结构的受力性能，并参考预应力筋张拉锚固体系特点与尺寸确定。

（1）孔道直径

对粗钢筋，孔道的直径应比预应力筋直径、钢筋的对焊接头处外径或需穿过孔道的锚具外径大 10~15mm。

对钢丝或钢绞线，孔道的直径应比预应力束外径或锚具外径大 5~10mm，且孔道面积应大于预应力筋面积的两倍。

（2）孔道布置

预应力筋孔道之间的净距不应小于 50mm，孔道至构件边缘的净距不应小于 40mm，凡需要起拱的构件，预留孔道宜随构件同时起拱。

（3）孔道端头排列

预应力筋孔道端头连接承压钢垫板或锚垫板，由于锚下局部承压要求及张拉设备操作空间的要求，预留孔道端部排列间距往往和构件内部排列间距不同。此外由于成束预应力筋的锚固工艺要求，构件孔道端通常需要扩大孔径，形成喇叭口形孔道。不同的锚固体系其构件端部排列间距及扩孔直径不相同，详尽尺寸可参见施工所选用的锚固体系。

2. 孔道成形方法

预应力筋的孔道可采用钢管抽芯、胶管抽芯和预埋管等方法成形，目前运用最广的是预埋波纹管法。对孔道成形的基本要求是：孔道的尺寸与位置正确，孔道平顺，接头不漏浆，端部预埋锚垫板应垂直于孔道中心线。孔道成形的质量，对孔道摩阻损失的影响较大，应严格把关。

（1）预埋波纹管法

1）金属波纹管分类

金属波纹管是用冷扎钢带或镀锌钢带在卷管机上压波后螺旋咬合而成。按照相邻咬口之间的凸出部（即波纹）的数量分为单波纹和双波纹；按照截面形状分为圆形和扁形；按照径向刚度分为标准型和增强型；按照钢带表面状况分为镀锌波纹管和不镀锌波纹管。见图8-5。

图8-5　金属波纹管

一般工程可以选用标准型、圆形、不镀锌的波纹管。扁形波纹管用在采用扁形锚具的板类构件。增强型波纹管可代替钢管用于竖向预应力筋孔道或特殊工程。镀锌波纹管可用于有腐蚀介质的环境或其他有特殊要求的工程中。

2）塑料波纹管的分类

由于真空灌浆越来越普及，塑料波纹管的使用也越来越广泛，塑料波纹管有圆形和扁形两种，不同的锚固体系有不同的规格尺寸，工程上运用较广的OVM锚固体系的塑料波纹管规格如下：

A．扁形塑料波纹管，见图8-6，表8-1。

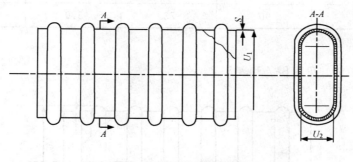

图8-6 扁形塑料波纹管

OVMSBGB 塑料波纹管扁管 表8-1

规格型号	U_1	U_2	S	配套使用锚具
OVMSBGB-41	41	22	2.5	BM15（13）-2

续表

规格型号	U_1	U_2	S	配套使用锚具
OVMSBGB-55	55	22	2.5	BM15(13)-3
OVMSBGB-72	72	22	2.5	BM15(13)-4
OVMSBGB-90	90	22	3.0	BM15(13)-5

B. 圆形塑料波纹管，见图8-7和表8-2。

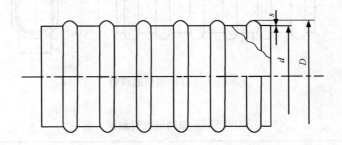

图8-7 圆形塑料波纹管

八、后张有粘结预应力施工

OVMSBG 塑料波纹管圆管

表8-2

规格型号	d	D	S	配套使用锚具			
				OVM 建议		JT/T529—2004 标准	
OVMSBG-50	φ50	φ63	2.5	OVM.M15-2~5	OVM.M13-2~5	M15-2~5	M13-2~7
OVMSBG-60	φ60	φ73	2.5	OVM.M15-6~7	OVM.M13-6~7	M15-6~7	M13-8~12
OVMSBG-70	φ70	φ83	2.5	OVM.M15-8~9	OVM.M13-8~9		
OVMSBG-75	φ75	φ88	2.5			M15-8~12	M13-13~19
OVMSBG-80	φ80	φ94	2.5	OVM.M15-10	OVM.M13-10~12		
OVMSBG-85	φ85	φ99	2.5	OVM.M15-11~12	OVM.M13-13~19		
OVMSBG-90	φ90	φ106	2.5	OVM.M15-13~17	OVM.M13-20~22		
OVMSBG-100	φ100	φ116	2.5	OVM.M15-18~22	OVM.M13-23~31		
OVMSBG-115	φ115	φ131	3.0	OVM.M15-23~27	OVM.M13-32~37		
OVMSBG-130	φ130	φ146	3.0	OVM.M15-28~31	OVM.M13-38~55		

注：1. 以上塑料波纹管圆管按6m、8m、10m长度规格供货，或按合同要求，偏差为0~50mm。
2. 锚具的配套可按交通部JT/T 529—2004《预应力混凝土桥梁用塑料波纹管》的要求，同时对于小孔位（12孔以下）的配套，参照国内比较成熟的锚固体系与金属波纹管配套的要求，提供更多的配套选择，更便于施工，均可根据设计和用户的要求提供产品。

3）波纹管的搬运与堆放

波纹管搬运时应轻拿轻放，不得抛甩或在地上拖拉，吊装时不得以一根绳索在当中拦腰捆扎起吊。

波纹管在室外保管时间不宜过长，不得直接堆放在地面上，并采取有效措施防止雨露和各种腐蚀性气体的影响。

波纹管在仓库内长期保管时，仓库应干燥、防潮、通风、无腐蚀气体和介质。

（2）灌浆孔、排气孔、排水孔与泌水管

在构件两端及跨中应设置灌浆孔或排气孔，孔距不宜大于12m。灌浆孔或排气孔也可设置在锚具或锚垫板处。灌浆孔用于进水泥浆，其孔径一般不宜小于16mm，排气孔是为了保证孔道内气流通畅，不形成封闭死角，保证水泥浆充满孔道，一般施工中将灌浆孔和排气孔统一都做成灌浆孔，灌浆孔（或排气孔）在跨内高点处应设在孔道上侧方，在跨内低点处应设在下侧方。

排水孔一般设在每跨曲线孔道的最低点，开口向下，主要用于排除灌浆前孔道内冲洗用水或养护时进入孔道内的水分。泌水管设在每跨曲线孔道的最高点处，开口向上，露出梁面的高度一般不小于500mm，泌水管用于排除孔道灌浆后水泥浆的泌水，并可二次补充水泥浆。泌水管一般可与灌浆管统一留用。

灌浆孔的作法，对一般预制构件，可采用木塞留孔。木塞应抵紧钢管、胶管或波纹管并应固定，严防混凝土振捣时脱开。对于现浇预应力结构波纹管的留孔,其作法是在波纹管上开口,用带嘴的塑料弧形压板与海绵垫片覆盖并用钢丝扎牢,再接增强塑料管(外径20mm,内径16mm。为保证留孔质量,波纹管上波纹管上可先不打孔,在外接塑料管内插一根$\phi 12$的光面钢筋露出外端,待孔道灌浆前再用钢筋打穿塑料管,拔出钢筋。

(五)钢筋工程及混凝土工程

预应力筋预留孔道的施工过程与钢筋工程同步进行,在钢筋绑扎过程中应小心操作,确实保护好预留孔道位置、形状及外观。在电气焊操作时,更应小心,禁止电气焊火花触及波纹管及胶管,焊渣也不得堆落在孔道表面,应切实保护好预留孔道。

混凝土浇筑是一道关键工序,禁止将振捣棒直接振动波纹管,混凝土入模时,严禁将下料斗出口对准预埋孔道下灰。此外混凝土材料中不应含有带氯离子的外加剂或其他侵蚀性离子。

混凝土浇筑完成后,对预埋波纹管成孔,应在混凝土终凝能上人后,派人用通孔器清理孔道,或抽动孔道内的预应力筋,以确保孔道及灌浆孔通畅。

(六)预应力筋穿束

预应力筋穿入孔道,简称穿束。穿束需要解决两个问题:穿束时机与穿束方法。

1. 穿束时机

根据穿束与浇筑混凝土之间的先后关系，可分为先穿束和后穿束两种。

（1）先穿束法

先穿束法即在浇筑混凝土之前穿束。对埋入式固定端或采用连接器施工，必须采用先穿法。此法穿束省力，但穿束占用工期，束的自重引起的波纹管摆动会增大摩擦损失，束端保护不当易生锈。

（2）后穿束法

后穿束法即在浇筑混凝土之后穿束。此法可在混凝土养护期内进行，不占工期，便于用通孔器或高压水通孔，穿束后即可张拉，易于防锈，但此法穿束较为费力。

2. 穿束方法

根据一次穿入数量，可分为整束穿和单根穿。钢丝束应整束穿，钢绞线优先采用整束穿，也可用单根穿。穿束工作可由人工、卷扬机和穿束机进行。

（1）人工穿束

人工穿束可利用起重设备将预应力筋吊起，施工人员站在脚手架上逐步穿入孔内，束的前端应扎紧并裹胶布，以便顺利通过孔道。对多波曲线束，宜采用特制的牵引头，工人在前头牵引，后头推送，用对讲机保持前后两端同时出力。

（2）用卷扬机穿束

用卷扬机穿束,主要用于超长束、特重束、多波曲线束等整束穿的情况。卷扬机的速度宜慢(约10m/min),电动机功率为1.5~2.0kW,束的前端应装有穿束网套或特制牵引头。

穿束网套可用细钢丝绳编织。网套上端通过挤压方式装有吊环,使用时将钢绞线装入网套中(到底),前端用钢丝扎紧,顶紧不脱落即可。

(3) 用穿束机穿束

用穿束机穿束适用于大型桥梁与构筑物单根穿钢绞线的情况。

穿束机有两种类型:一是由油泵驱动链板夹持钢绞线传送,速度可以任意调节穿束可进可退,使用方便。二是由电动机经减速箱减速后由两对滚轮夹持钢绞线传送。进退可由电动机正反转控制。穿束时,钢绞线前头应套上一个子弹头形壳帽。

(七) 预应力筋张拉

1. 张拉施工准备

预应力筋张拉施工是预应力混凝土结构施工的关键工序,张拉施工的质量直接关系到工程安全、人身安全。张拉施工前应精心组织、策划,做好各项施工准备工作,以保证张拉施工的顺利进行。后张预应力混凝土结构张拉施工前应作好以下准备工作:

(1) 材料、设备及配套工具的准备

1）锚具进场

锚具进场时应按 JGJ 85—2002《预应力筋用锚具、夹具和连接器应用技术规程》进行验收，合格后方可使用。

2）张拉设备的选用及标定

施工时根据所用预应力筋的种类及其张拉锚固要求选用张拉设备。预应力筋的张拉力一般为设备额定张拉力的 50%～80%，预应力筋的一次张拉伸长值不能超过设备的最大张拉行程。当一次张拉不足时，可采用分级重复张拉的方法，但所选用的锚、夹具应适应重复张拉的要求。

施加预应力用的机具设备及仪表，应由专人使用和管理，并定期维护和标定。

张拉设备应找有资质的检验单位进行配套标定，以确定张拉力与压力表的关系曲线。

（2）结构、构件的准备

预应力筋张拉前，应提供结构构件混凝土的强度试压报告。当混凝土的立方体强度满足设计要求后，方可施加预应力。

施加预应力时构件的混凝土强度应在设计图纸上注明，如设计无要求时，不应低于强度等级的 75%，立缝处混凝土或砂浆强度如设计无要求时，不应低于混凝土强度等级的 40%，且不得低于 $15N/mm^2$。

如后张法构件为了搬运等需要，可提前施加一部分预应力，使梁体建立较低的预压应力，足以

八、后张有粘结预应力施工

承受自重荷载,但混凝土强度不应低于设计强度等级的60%。

(3) 预应力筋张拉力值计算

在张拉之前,应了解预应力筋的张拉力计算方法。预应力筋张拉力的大小,直接影响预应力效果。张拉力越高,建立的预应力值越大,构件的抗裂性也越好,但预应力筋在使用过程中经常处于高应力状态下,构件出现裂缝的荷载与破坏荷载接近,往往破坏前没有明显的警告,这是很危险的,另外,如张拉力过大,造成反拱过大或预拉区出现裂纹,也是不利的。反之,张拉阶段预应力损失越大,建立的预应力值越低,则构件可能过早出现裂缝,也是不安全的。

1) 预应力筋设计张拉力

预应力筋设计张拉力 P_j 可按式(8-6)计算:

$$P_j = \sigma_{con} A_p \tag{8-6}$$

式中 σ_{con}——预应力筋设计张拉控制应力值;

A_p——束预应力筋的截面积。

2) 张拉力值的测量

预应力筋施工中,张拉力值的测量应通过千斤顶、油压表配套标定的油压值——张拉力关系曲线换算成相应的张拉油压表数值,油压表的精度等级不宜低于1.5级,张拉油压值不宜大于压力表的75%。

(4) 预应力筋张拉伸长值计算

预应力筋张拉伸长值 ΔL，可按式（8-7）计算：

$$\Delta L = \frac{P L_T}{A_P E_S} \tag{8-7}$$

式中　P——预应力筋的平均张拉力，取张拉端张拉力与跨中（两端张拉）或固定端（一端张拉）扣除孔道摩擦损失后的拉力平均值，见式（8-8）：

$$P = P_j \left(1 - \frac{kx + \mu\theta}{2}\right) \tag{8-8}$$

式中　L_T——预应力筋的实际长度；

A_P——预应力筋的截面面积；

E_S——预应力筋的实测弹性模量；

P_j——张拉控制力，超张拉时按超张拉力取值；

k——孔道局部偏摆系数，按规范取值；

μ——预应力筋与孔道壁的摩擦系数，按规范取值；

x——从张拉端至计算截面的孔道长度（以"m"计），可近似取轴线投影长度，对一端张拉 $x = L_T$，对两端对称张拉，$x = L_T/2$；

θ——从张拉端至计算截面的孔道部分切线的夹角（以弧度计），对一端张拉 θ 取曲线孔道的总转角，对两端张拉 θ 取曲线孔道总转角的一半。

用上述方法计算时,对多曲线段组成的曲线束,或直线段与曲线段组成的折线束,应分段计算,然后叠加,较为准确。

2. 预应力筋张拉

(1)预应力筋张拉顺序

预应力筋的张拉顺序,应遵循同步、对称张拉的原则。此外,安排张拉顺序还应考虑到尽量减少张拉设备的移动次数。

(2)张拉前的准备

清理锚垫板及钢绞线上的灰浆,将张拉设备、锚具、夹具在构件旁摆放好,准备好测量长度所需要的量具以及记录用的纸、笔。

(3)张拉过程

下面以运用较为广泛的OVM锚固体系的夹片锚为例说明张拉过程:

1)安装工作锚板及工作夹片

安装时工作锚板要放入锚垫板止口内,工作夹片装入后要求表面平整,两片夹片的间隙均匀,见图8-8。

2)安装限位板

根据钢绞线的规格将正确的止口端盖到工作锚板上,见图8-9。

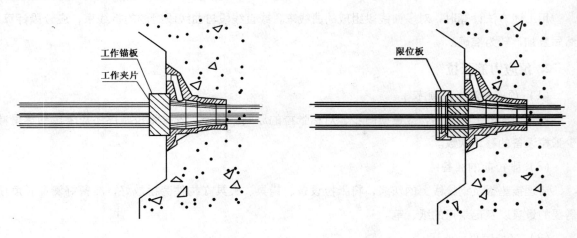

图8-8 工作锚板,工作夹片安装示意图　　图8-9 限位板安装示意图

3) 安装千斤顶

在用穿心式千斤顶进行整体张拉之前,为使每根钢绞线受力均匀,应先用单根张拉的千斤顶对每根钢绞线进行逐一预紧,通常采用的预紧千斤顶为YDC240QX前卡式千斤顶,预紧时通常拉到$0.1\sim0.2P_j$(P_j为单根预应力筋设计张拉力)。逐一预紧完成后,再安装穿心式千斤顶,安装时,千斤顶前端定位螺母止口套在限位板外端,如装上后限位板与定位螺母止口之间间隙过大(大于

5mm），则应加工垫环放在定位螺母止口中，再套到限位板外端，见图8-10。

4）安装工具锚板及工具夹片

将与工作锚板孔位相一致的工具锚穿过钢绞线后装入千斤顶后部台阶孔内，为便于工具夹片退锚，工具夹片外锥面及工具锚板锥孔内应均匀涂抹专用退锚灵，工具锚板应与前端工作锚板对正，防止工具锚板与工作锚板之间的钢绞线扭绞，见图8-11。

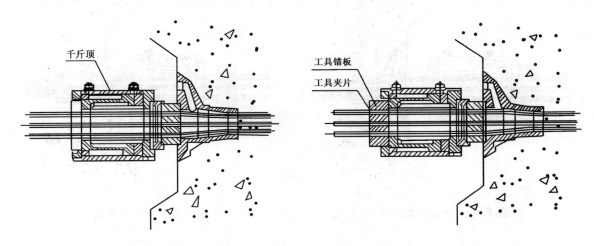

图8-10　千斤顶安装示意图　　　　　　　图8-11　工具锚板与工具夹片安装示意图

5）施加应力张拉

向张拉缸加油至设计油压值；测量伸长值；做好张拉记录，见图 8-12。

6）锚固及活塞回程

打开高压油泵截止阀，张拉缸油压缓慢降至零；活塞回程见图 8-13。

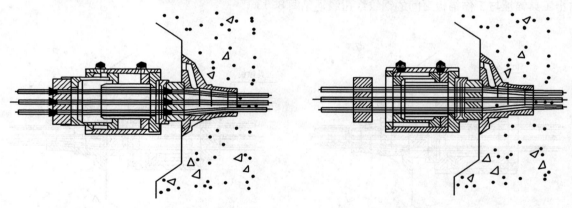

图 8-12　张拉示意图　　　　　　　　图 8-13　锚固示意图

7）拆除张拉设备并切除多余钢绞线

八、后张有粘结预应力施工

切除多余钢绞线后,钢绞线的外露长度不宜小于30mm,见图8-14。

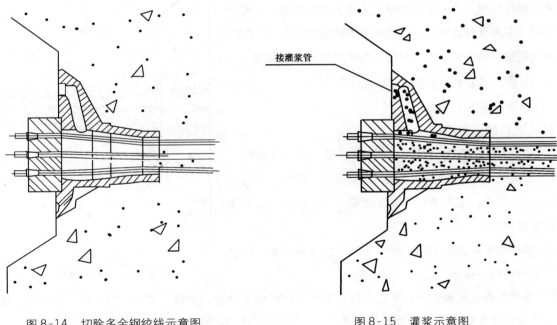

图8-14 切除多余钢绞线示意图　　　　　图8-15 灌浆示意图

8) 灌浆

预应力筋张拉后，利用灌浆泵将水泥浆压灌到预应力筋孔道中去，其作用有二：一是保护预应力筋，以免生锈；二是使预应力筋与混凝土有效粘结，以控制超载时裂缝的间距与宽度，并减轻量端锚具的负荷状况。预应力筋张拉后应及时灌浆，在高应力下如不及时灌浆，容易锈蚀，见图8-15。

9) 封锚，见图8-16。

（4）张拉的注意事项

1) 预应力筋的切割，宜采用砂轮锯，不得采用电弧切割。

2) 工具夹片为三片式，工作夹片为两片式，两者不可混用。

3) 工具锚板、工具夹片可重复使用，工作锚板、工作夹片不能重复使用。

4) 张拉时应有安全措施，张拉千斤顶后不得站人，张拉预应力筋两端均不得站人。

5) 锚固体系应配套使用，不能混用。如使用OVM锚固体系，则锚、夹具、限位板、锚垫板、螺旋筋、波纹管及张拉设备均应采用OVM产品，不能与其他体系的混用。

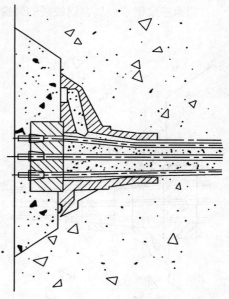

图8-16　封锚示意图

九、后张无粘结预应力混凝土结构施工

无粘结预应力筋是指施加预应力后全长与周围混凝土不粘结的预应力筋。无粘结预应力筋由预应力钢材、涂料层和包裹层组成,见图 9-1:

无粘结预应力技术是后张预应力技术的一个重要分支。无粘结预应力混凝土是指配有无粘结预应力筋,靠锚具传力的一种预应力混凝土。其施工过程是:先将无粘结预应力筋铺设在模板中,待混凝土浇筑并达到一定强度后进行张拉锚固。这种混凝土的最大优点是施工方便。

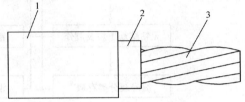

图 9-1 无粘结预应力筋
1—PE 管;2—油脂;3—钢绞线或钢丝束

(一) 后张无粘结预应力施工工艺

后张无粘结预应力混凝土结构施工比有粘结预应力施工工艺简单、方便,它无需留孔、穿束、灌浆。后张无粘结预应力混凝土结构施工工艺流程见图 9-2:

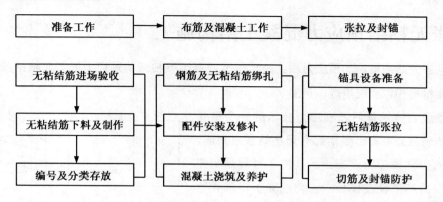

图 9-2 后张无粘结预应力施工工艺图

（二）无粘结筋检验、下料及铺设

1. 无粘结筋进场验收

无粘结筋出厂时，每盘上都挂有标牌，并附有出厂证明书。进厂时按规定验收，无粘结预应力筋的质量应符合《钢绞线、钢丝束无粘结预应力筋》（JG 3006—1993）的要求。

当全部的检验项目均符合标准的检验要求时，该批产品为合格品；当检验项目有不合格项目时，

九、后张无粘结预应力混凝土结构施工

对不合格项目应重新加倍取样进行复检,若复检结果仍不合格,则该批产品为不合格品。

2. 无粘结筋的下料

无粘结预应力筋可以在制束厂或专门的加工厂下料、编号、分类存放,然后按要求规格、数量、使用日期运至施工现场,也可以在施工现场进行下料操作。现场下料,应在平整光滑的场地上进行,预应力筋下垫钢管或方木,上铺彩条布。

无粘结筋的下料长度,与预应力筋的布置形状、所采用的锚固体系及张拉设备有关。

采用夹片式锚具时,无粘结筋的下料长度＝埋入构件(或结构)混凝土内的长度＋两端外露长度。两端外露长度根据张拉设备和张拉方法而异。

3. 无粘结筋的铺设

无粘结筋的铺设应符合如下要求:

(1) 下料切筋:对于选用的涂塑成盘的无粘结预应力筋,运到现场后,首先选择在平整的场地上打开散盘,接着按结构的曲线筋长度并考虑端部张锚设备机具的尺寸,给于定长下料,切筋时可采用砂轮锯切割。切割后的无粘结筋应逐根对外涂层进行外观检查。

(2) 穿筋:在向框架梁、板柱、平板等结构中穿入无粘结预应力筋时,应预先了解设计图纸要求、预应力筋的成束情况及端部预埋承压板情况,并预先将其编号、依次穿入。

(3) 成束:无粘结预应力筋单根穿入梁中时,在各部位均应"平行排筋",遇到有扭转的筋时,

(4）扎筋：在框架内编无粘结筋成束时，应每隔1.2～1.5m处采取用粘胶带在隔离层外，将相应无粘结预应力筋捆扎（并加扎丝）为一束。

(5）框架梁端部的局部网片施工，系在无粘结筋穿入梁中与端部承压板后再放入短筋，再行点焊或绑扎以形成网片。点焊时应注意采取隔离措施，使点焊的火花不要粘在无粘结筋的隔离层外皮上，以免损坏PE管。

（三）无粘结筋的张拉

无粘结筋的张拉可参考后张有粘结预应力筋的张拉，所不同之处是无粘结筋在张拉之前应将张拉端的PE管剥去，并将其油脂擦干净，以保证张拉时经过工作夹片的钢绞线上均无油脂。将PE管剥去，将油脂擦干净后安装工作锚板、工作夹片、限位板、千斤顶、工具锚板、工具夹片，按设计要求进行张拉。无粘结筋张拉完毕后，应及时对锚固区进行保护，在工作夹片及无粘结筋端部涂专用防腐油脂，用塑料套进行保护。将工作夹片及剥去PE管的钢绞线保护好后再用混凝土封锚，封锚时要确保混凝土不与钢绞线及工作夹片直接接触。

十、先张法施工工艺

先张法是和后张法相对而言的，先张法是一种先张拉预应力筋、后浇筑混凝土的预应力施加方法。具体过程是，先在台座上按设计规定的拉力用张拉机具张拉钢筋，用夹具（俗称为工具锚）将其临时固定在台座或模板上，然后浇筑混凝土，待混凝土达到一定强度（一般不低于设计强度的70%）后，把张拉的钢筋放松，钢筋回缩时产生的回缩力，通过钢筋与混凝土之间的粘结作用传递给混凝土，使混凝土获得了预压应力。先张法一般用于生产中小型构件，由于其跨度小、重量轻、起吊设备简便、方便运输、张拉、测力简单、施工工艺简单，可以大批量生产预应力混凝土构件，重复利用模板，节省大量的锚具，是一种非常经济的施加预应力的方法。它与后张法相比不仅可以节省留孔、穿筋、灌浆、封锚等工序，而且可以大量应用低、中碳钢钢丝，比普通钢筋混凝土更节约了钢材。

先张法张拉，应符合以下规定：

（1）光面钢丝、刻痕（或压波）钢丝、钢绞线均可用于工厂或现场生产的各类先张法预应力混凝土结构构件作为预应力筋。

（2）钢丝、钢绞线进入现场或工厂时，均应有合格证明书或认可单位试验报告单。进场后还应按 GB/T 228—2002《金属材料室温拉伸实验方法》、GB/T 5223—2002《预应力混凝土用钢丝》、

第四篇 预应力混凝土施工

GB/T 5224—2003《预应力混凝土用钢绞线》规定进行外观质量和机械性能复检。未经复检和复检不合格的钢丝、钢绞线，不得发放使用或按降低强度另行应用。

（3）先张法预应力混凝土构件用水泥、砂、石及减水剂、水等材料及材料质量，堆放和混凝土浇注等要求，均与后张法有关要求相同。

（4）夹具及连接器应在每次使用前进行检查验收合格后，方可使用。

（5）钢丝、钢绞线应在平直状态下定长划线，下料钢绞线切口无松散，在划线处可用氧乙炔焰切割。切割火花不得飞溅烧伤其他部位的钢丝、钢绞线。

（6）钢丝、钢绞线要求外观顺直无死弯、无裂纹、无油污，工作长度内无烧伤和焊疤，允许有轻度锈痕。

（7）在台座中穿入钢丝、钢绞线应按先下后上，先中间后两边顺序进行，穿筋完毕后应按图纸要求进行检查，确认穿筋位置正确，方可用夹具固定。

（8）张拉前应进行检查，如预应力筋采用工具拉杆时，应符合如下要求：

1）工具拉杆安装前应逐根进行检查验收。正常情况下，每季度检查一次，但不超过半年。使用中如发现有刻伤和变形，应会同有关人员进行检验，确认合格后方可继续使用，并作好记录；

2）工具拉杆通过锚固梁的孔眼时，不得与孔眼边缘接触，以免张拉时操作拉杆，发生断裂事故。

(9) 施加预应力采用一端张拉工艺,张拉时根据构件情况可采用单根或多根一次进行张拉。

1) 小顶初调至 $0.15 f_{ptk}$ 后,应对夹具和连接器进行全面检查,确认各部分工作正常后,才能进行整体张拉。

2) 整体张拉时千斤顶均匀同步缓慢进行,也可采用分级加载法,确认达到张拉应力时进行锁定。

3) 单筋、单束张拉、初调和终调均可用 YDC240QX 前卡式千斤顶或螺杆张拉器等逐根、逐束进行。

4) 采用单根张拉时,其张拉顺序宜由下向上,由中到边进行。

(10) 预应力筋可一次超张拉 $1.03\sigma_{con}$ 建立应力。张拉应力控制值应小于 $0.8 f_{ptk}$,当全部钢丝、钢绞线均张拉至控制应力锚固后,应对钢丝、钢绞线的拉力进行复查(最少检查周边 4 根),其拉力与设计控制力之差不得超过 ±5%;全部张拉工作完毕,应立即灌注混凝土。超 24h 必须对钢丝、钢绞线进行再次检查,如检查的应力值与允许值超过误差范围时,必须重新张拉。

(11) 安全注意事项:

1) 张拉前必须检查连接件是否完好,张拉时千斤顶后方严禁站人,台座两旁除操作人员外也禁止站人;作业人员在操作发生故障进行检查时,油泵必须停止供油。

2) 钢丝、钢绞线连接器处的台座上要加盖防护罩,在张拉受力后严禁踩碰。

(12) 预应力筋的放松：

1) 应在构件混凝土强度达到设计强度的 75%～85% 以上时，才可放松预应力筋。

2) 放松应力前，应对构件进行全面检查，合格后方可进行放张，如检查中发现有裂纹或空洞等，应会同有关部门进行鉴定、处理，否则不得进行放张。

3) 放张可采用大顶整体放松工艺或采用逐根预热熔割、割断、剪断、氧气切割等方法放松，切割时宜从台座中部自里向外分批、分阶段、对称地进行。

第五篇 预应力技术在各领域的应用

20世纪20年代,法国E.Freyssinet成功地将预应力这门古老的技术运用于工程方面,从而推动了预应力材料、设备及工艺的发展。随着科学技术的发展,预应力技术在各领域的应用也越来越广泛。下面从环形后张预应力锚固体系、斜拉索张拉锚固工艺、体外索工程及运用、大吨位构件液压提升以及边坡锚固技术这几方面来介绍预应力在各领域的应用。

十一、环形后张预应力锚固体系

(一) 概述

我们在有粘结或无粘结工程中,有时会遇到张拉空间受到限制,或者遇到特殊工程,如隧道预应力的张拉施工都需要在张拉端锚具后安装变角块,使预应力筋改变一定的角度后进行预应力张拉作业。环锚是为了适应圆形、筒形、卵形等混凝土结构施加预应力的需要而产生的,是在高强混凝土、高强钢绞线、无粘结预应力筋、适用环形施工的锚具、张拉设备等硬件以及计算机结构分析、设计等软件技术的支持下逐步发展、完善的,现已成为一项完整、配套的预应力体系。

20世纪90年代初,我国环锚第一次在工程上运用,它运用于清江隔河岩水电站,然后又逐步在红水河天生桥水电站、黄河小浪底排沙洞、宁夏石嘴山污水处理池、东深引水工程等工程上大量采用,目前我国环锚技术已日趋成熟。

(二)环锚的结构

环锚是以群锚夹片型锚具为基础设计的一种可以双向穿索,固定端和张拉端为一体的锚具,环锚采用夹片锚固。该锚具主要适用于环形预应力索的锚固,施工时须配置专用的张拉机具。环形后张预应力锚固系统的原理:在同一块开有数目相同但锥孔相反的锚板上,通过变角张拉装置,利用夹片将钢绞线的首尾锚固在该锚板上,张拉、锚固后,通过钢绞线张拉变形挤压管道壁,使结构受到径向分布的挤压力和切向拖拽力,从而使结构截面形成环形的预压应力。

图11-1 为HM15-8 环锚结构简图:

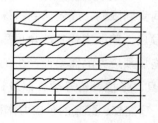 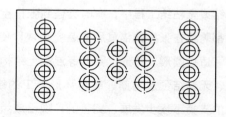

图11-1 HM15-8 环锚结构简图

十一、环形后张预应力锚固体系

（三）环锚的安装

环锚是一种双向夹片锚板，它一面是张拉端，另一面是固定端，在张拉时它是游动的，它不与混凝土构件接触，由于张拉时它需要将钢绞线从不方便张拉的地方引出进行张拉，因此它比普通后张锚固体系相比多了过渡块、偏转器和延长筒。HM 环锚在张拉时的安装示意图如图 11-2 所示：

（四）常用环锚类型及参数

环形后张预应力锚固体系目前都为夹片锚，它的施工都采用后张法。有粘结筋工序多，穿束

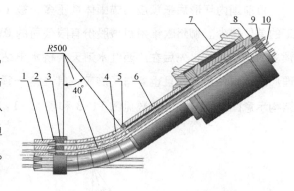

图 11-2　HM 环锚张拉安装示意图

1—HM 锚板；2—工作夹片；3—限位板；4—弧形垫板；
5—过渡块；6—延长筒；7—千斤顶；8—工具锚板；
9—工具夹片；10—钢绞线

困难，但锚头防腐方便，张拉完切割好后直接用混凝土将张拉槽填埋即可。无粘结筋工序简单，省掉了埋波纹管、灌浆等工序，但锚头防腐比较复杂，在张拉完切割好后必须对剥去 PE 管的钢绞线及夹片进行妥善处理，处理后才能进行张拉槽混凝土的填埋，确保剥去 PE 管的钢绞线及夹片有油脂包裹防腐，不直接与混凝土接触。

第五篇 预应力技术在各领域的应用

目前国内环形后张预应力锚固体系不多，被工程实际运用的就更少，能独立进行环形预应力施工的单位较少。柳州欧维姆机械股份有限公司的 OVM.HM 环锚体系是国内运用最多的一种环形后张预应力锚固体系，先后在广西红水河天生桥水电站、黄河小浪底水利枢纽工程、宁夏石嘴山污水处理厂等工程使用，并且也参与了施工，其在这一领域有很强的实力。OVM.HM 环锚体系在施工时的结构示意图及主要尺寸参数见图 11-3 和表 11-1：

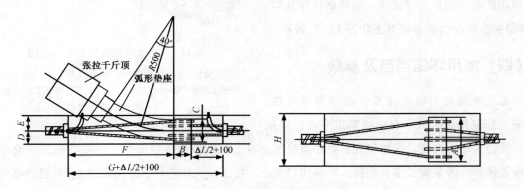

图 11-3 OVM.HM 环锚施工示意图

十一、环形后张预应力锚固体系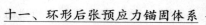

OVM.HM 环锚尺寸参数   表11-1

型 号	A	B	C	D	F	H
HM15-2	160	65	50	50	150	200
HM15-4	160	80	90	65	800	200
HM15-6	160	100	130	80	800	200
HM15-8	210	120	160	100	800	250
HM15-12	290	120	180	110	800	320
HM15-14	320	125	180	110	1000	340

注：参数 E、G 应根据工程结构确定，$\triangle L$ 为环形锚索张拉伸长值。

第五篇　预应力技术在各领域的应用

十二、斜拉索张拉锚固工艺

（一）斜拉桥及斜拉索

1956年瑞典建成世界第一座斜拉桥-Stromsund桥以来，斜拉桥在世界上许多国家的发展十分迅速。至今，斜拉桥的跨度已达到了1088m（苏通桥）。斜拉桥有优美的设计造型、施工方便、费用低、维护方便等因素备受推崇。

我国于1975年建成了跨径为76m的云阳桥，开始了中国建设斜拉桥的历史，随着南浦大桥、杨浦大桥等大桥的建设，我国斜拉桥的建设水平也跻身于国际先进水平之列。

目前斜拉桥常用的是一种为便于成盘而略有扭绞的平行镀锌钢丝束拉索，索体外面热挤了一层高密度聚乙烯（HDPE）护层，配以在锚头内注有铁砂环氧树脂镦头锚具，称为钢丝冷铸锚拉索，它在工厂内整束制造，绕盘运到现场架设。

现代最为推崇的是用单根防腐钢绞线组成的群锚拉索，是以光面或特殊涂层钢绞线为受力基材，每根钢绞线在工厂内涂抹油脂后热挤压一个高密度聚乙烯（HDPE）护层，成盘运到现场，逐根架设，每组索外面设有高密度聚乙烯（HDPE）护套管，锚具内视需要可以灌注或不灌注浆体，称为钢绞线群锚拉索。这种拉索最主要的优点是它至少拥有三层保护层：

十二、斜拉索张拉锚固工艺

第一是高密度聚乙烯（HDPE）护套管保护了组成拉索的每一根钢绞线。
第二是钢绞线与高密度聚乙烯（HDPE）护层之间充满油脂。
第三是钢绞线的涂覆层。

（二） OVM250 拉索体系

由于平行钢绞线拉索与平行钢丝拉索相比有运输方便、穿束方便等优点，因此钢绞线拉索在斜拉桥上广泛采用，目前国内钢绞线拉索体系采用较多的是 OVM250 拉索体系，见图 12-1。

图 12-1　OVM250　拉索型号

1. OVM250 拉索体系结构

OVM250 拉索体系结构见图 12-2：

OVM250 型拉索可分为有粘结型及无粘结型，锚具的支撑筒内腔灌注油脂或钢绞线以适当设施与填充料隔绝，则为无粘结型，其夹片承受桥梁作用给拉索的全部荷载。无粘结型适用于各种跨度

第五篇　预应力技术在各领域的应用

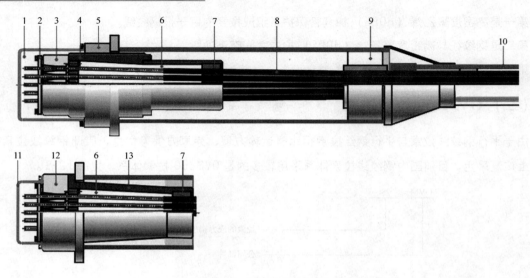

图 12-2　OVM250 拉索体系

1—防腐油脂；2—防松装置；3—可调端锚板；4—支承锥形筒；5—螺母；6—填充材料；7—密封装置；
8—单根防腐钢绞线；9—减振装置；10—HDPE 外套管；11—保护罩；12—固定端锚板；13—固定端锥形筒

公路斜拉桥，大跨度公共建筑斜拉桥结构。若锚具的支撑筒内腔灌注砂浆则为有粘结型，这时由夹片承受一期恒载及部分二期恒载，锚具内粘结体承受部分二期恒载及全部动载，从而提高体系的抗疲劳强度。有粘结型适用于应力幅较高的铁路桥梁、公路铁路两用桥梁、所处环境较恶劣或台风频繁、活载较大的桥梁。

2. OVM250 拉索的构成

OVM250 拉索主要由锚固段、自由段、过渡段三部分组成。

OVM250 拉索索体采用环氧涂层钢绞线（或镀锌钢绞线）+石蜡（或油指）+PE 套的方式进行单根钢绞线的防护，经多根平行编索紧密集束后，再加上 HDPE 外套管进行整体防护，其结构见图 12-3：

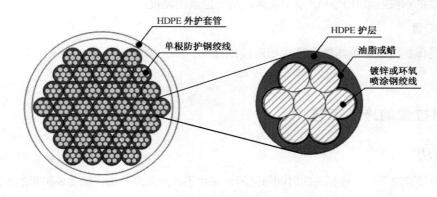

图 12-3　OVM250 拉索结构

锚固端锚具根据需要可选用一端为张拉端锚具、另一端为固定端锚具或两端均为张拉端锚具的结构。主要由锚板、支承筒、密封装置及防松装置组成。

过渡段由减振器、索箍及防水装置组成，各部分作用如下：

（1）减振器

减振器由阻尼橡胶制成，安装在拉索导管出口处，将拉索与结构固定，用于减少振动对斜拉索造成的不利影响。

（2）索箍

索箍将松散的钢绞线收拢成一个紧密实体，增加拉索的刚度。

（3）防水装置

防水装置是保护拉索体系与桥梁结构相连接的部分，防止外界水分进入拉索内部，起密封止水的作用。

（三）斜拉索的施工工艺

1. 安装方法

斜拉索的安装取决于与工程相关的时间与空间，采用不同的安装方法，现普遍采用的方法有两种：

（1）方法一：先安装 PE 钢绞线后装外套管

十二、斜拉索张拉锚固工艺

先将 PE 钢绞线穿挂、张拉、调索，将减振器及索箍均安装完毕。再将外部的 HDPE 外套管在拉索的根部扣合，通过熔接的方式，沿拉索向上一段一段连接成完整的长度，并与索导管密封。其安装方式见图 12-4：

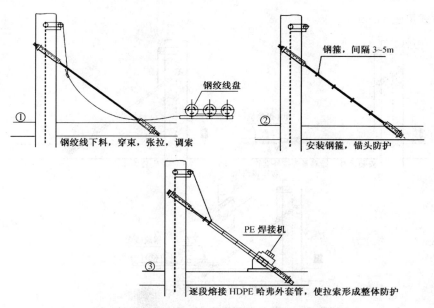

图 12-4　先安装 PE 钢绞线后装外套管过程示意图

(2) 方法二：先安装外套管后装 PE 钢绞线

采用此方法是在拉索的根部先熔接成完整的长度，将 1 根钢绞线穿过外套管，用卷扬机通过钢绞线把外套管安装固定在组装座内，再把其余 PE 钢绞线逐根穿过外套管进行组装、张拉、调索等工艺。

其安装方式见图 12-5：

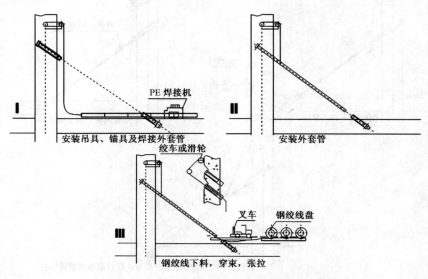

图 12-5　先装外套管后装 PE 钢绞线过程示意图

2. 挂索

OVM拉索采用钢绞线一根一根的安装方法,索体材料和锚具可分别在索位处简便的直接组装。单根钢绞线是在工厂内严密监制,填充油脂或蜡、热挤HDPE套,它在现场无需再进行防腐处理,钢绞线成盘包装运到现场,即可放盘和下料组合成拉索。下好料的钢绞线即可逐根提升就位,操作简单、快速、省时。

钢绞线的安装提升只需轻型设备,制索和初张拉合二为一,不存在整束制作、运输和安装的困难,与成品索安装相比有较大优势。

OVM拉索挂索工艺见图12-6:

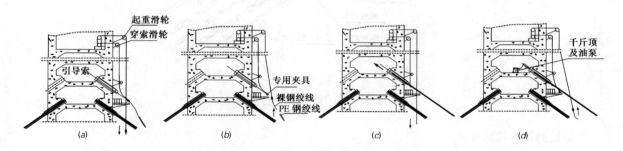

图12-6 OVM拉索挂索工艺
(a) 钢绞线提升;(b) 转换滑轮吊装;(c) 钢绞线穿束;(d) 钢绞线张拉

3. 张拉

张拉是采用等力法进行，见图12-7所示：

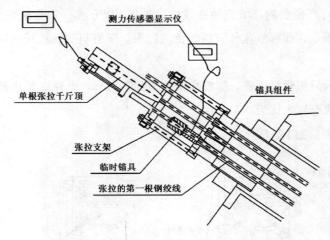

图12-7 OVM拉索张拉工艺

张拉的基本原则如下：

（1）第一根钢绞线提升到需要位置，穿入第一个锚具孔，在第一根钢绞线上安装测力传感器和临时锚具，并用一轻型千斤顶（单根钢绞线张拉角）张拉至计算值并锚固。钢绞线的锚固力直接显示在与测力传感器相连的显示器上。

（2）第二根钢绞线以同样方式安装在锚具的相应孔位，用一轻型千斤顶进行张拉。当第二根钢绞线受拉时，第一根钢绞线上的力显示会轻微下降；当千斤顶张拉第二根钢绞线的力和第一根钢绞线上读取的力一样时，应停止张拉，此时，第一根和第二根钢绞线张拉力相等。

（3）安装第三根钢绞线并张拉到其应力值与第一根钢绞线显示值相等（第一根钢绞线的张拉力值会随着每一新增钢绞线的张拉而下降），这时三根钢绞线张拉力应相等。

（4）重复此操作直至拉索的最后一根钢绞线张拉完毕，记录最后的读数。

（5）将第一根钢绞线从传感器装置中取出，安装上夹具，张拉至最后一根钢绞线的读取值。

4. 索力调整

每一拉索的张拉力调整可以按上述方法进行，采用单根钢绞线千斤顶张拉，另外，也可以通过专门的短行程大吨位千斤顶来进行整体索力调整。该设备也可以用来调整结构整个寿命期内拉索索力。

整体调索示意图及张拉设备安装尺寸见图12-8：

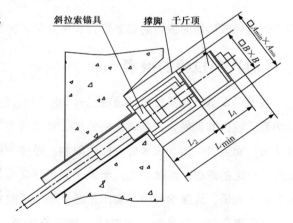

图12-8 拉索整体调索

张拉设备及安装尺寸表（mm） 表12-1

千斤顶型号	L_1	L_2	L_{min}	$A_{min} \times A_{min}$	$B \times B$
YDCS3000-150	420	1200	1800	800×800	500×500
YDCS5500-100	360	1200	1800	900×900	580×580
YDCS8000-100	400	1200	2000	1000×1000	720×720

张拉完成后还要进行防腐处理，安装索箍，密封 HDPE 外套管两端接口等工序。

（四）斜拉桥的换索

我国建设第一座斜拉桥到现在已有30多年，这30多年来我国的预应力技术，预应力设备、材料均有了较快的发展，我国斜拉桥的施工技术也有了较快的发展，但一些在早些年设计、施工的斜拉桥由于受当时材料、技术等方面的限制，致使一些拉索出现锈蚀等现象，对拉索及斜拉桥的安全造成了一定的隐患。因此，近几年来，为确保安全，我国陆续对一些斜拉桥进行了换索，目前广西南宁白沙大桥、天津永和桥、柳州壶西大桥已经完成了换索工作。

南宁市白沙大桥是南宁市邕江上第三座大桥，主桥为预应力混凝土独塔双索面斜拉桥，跨径 $2 \times 122.5m$。斜拉桥主梁为∏型截面预应力钢筋混凝土梁，梁高2m，横梁间距5m；主塔为龙门结

十二、斜拉索张拉锚固工艺

构,塔高69m;两边对称布置22对扇形拉索,斜拉索为PES冷铸镦头锚成品斜拉索,共44对（88根）,约202t;桥面索距5m;桥面行车道18m,两侧人行道2×2.25m,索区2×2m,总宽度26.5m。主桥全长395m。

南宁白沙大桥于1995年2月建成通车运营10年后,在检测时发现斜拉索PE护套开裂、钢丝索严重锈蚀等病害现象。为了确保大桥的运营安全,经过多方的论证,该桥斜拉索需要进行更换处理,2006年欧维姆工程公司对该桥进行了换索,工序包括：旧索放张,拆除；新索安装、张拉；新索锚固区域防腐处理等。

斜拉索的换索技术是预应力在拉索拆除方面的应用,随着我国需要换索桥梁的增加,这项技术会逐步完善。

十三、体外索工程及应用

(一) 体外预应力技术简介

体外预应力技术在体内预应力技术运用之前就被人们采用,但由于体外束的防护与防腐蚀问题在当时未能得到很好的解决,所以这些尝试许多没有取得成功,甚至有些桥梁的预应力钢束在完工后不久便要进行更换,导致的后果便是很少工程采用体外预应力技术。

随着斜拉桥在我国的运用,斜拉索的防护问题在不断得到解决和完善的同时,相关技术也大量用于解决体外预应力束的防腐问题,从而使制约体外预应力结构发展几十年的关键因素——钢束防腐蚀问题得到了很大程度的解决,大大促进了体外预应力技术的发展。

为了促进体外预应力技术在国内的应用,同济大学桥梁工程系作为国内较早开展体外预应力研究的单位,与柳州欧维姆机械股份有限公司合作开发体外预应力材料及体系、配套机具等科研项目取得了一定的成果,并已成功运用在许多工程中,这些体外预应力工程取得了良好的经济效益与社会效益。

(二) OVM 体外预应力体系主要特点及基本组成

OVM 体外预应力体系是目前运用较广的一种体外预应力体系。

1. OVM 体外预应力体系主要特点

（1）性能满足国际后张预应力协会 FIP《后张预应力体系的验收和应用建议》及《体外预应力材料及体系》；国家标准 GB/T 14370—2007《预应力筋用锚具、夹具和连接器》。

（2）安全、可靠，有良好的防腐性能及抗疲劳性能，能有效的减小索体振动所产生的危害。

（3）便于检测、维修，必要时可以换索。

（4）新型分体式转向器转向半径小，最大限度减小非强度所致的横隔板尺寸，转向处每根钢绞线受力均匀，减少应力集中。

2. OVM 体外预应力体系基本组成

（1）体外预应力索体管道和灌浆材料。

（2）体外预应力索的锚固系统。

（3）体外预应力索的转向装置。

（4）体外预应力体系的防腐蚀系统。

（5）体外预应力体系的减振装置。

图 13-1 为 OVM 体外预应力体系示意图：

为适应不同工程的需要，OVM 体外预应力体系共有六种索体，见图 13-2：

第五篇　预应力技术在各领域的应用

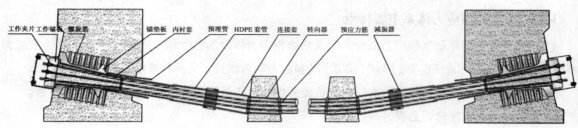

图 13-1　OVM 体外预应力体系

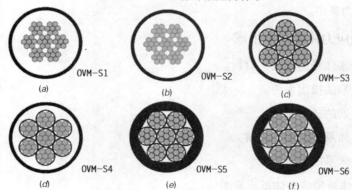

图 13-2　OVM 体外预应力索体
(a) OVM-S1; (b) OVM-S2; (c) OVM-S3; (d) OVM-S4;
(e) OVM-S5; (f) OVM-S6

六种索体的基本构造见表 13-1：

OVM 体外预应力索体基本构造　　　　　　表 13-1

索体型号	OVM-S1	OVM-S2	OVM-S3	OVM-S4	OVM-S5	OVM-S6
钢绞线类型	普通钢绞线	环氧喷涂钢绞线	普通无粘结钢绞线	环氧喷涂无粘结钢绞线	普通无粘结成品索	环氧喷涂无粘结成品索
管道	HDPE 套管		HDPE 套管		外包 HDPE	
灌浆材料	水泥浆、环氧砂浆、油脂		自由段属无灌浆型		自由段属无灌浆型	

（三）两种类型体外索锚具及主要尺寸

OVM 体外索锚具主要有 OVM.TT 和 OVM.TSK 两种类型，它们的结构及主要技术参数如下：

1. OVM.TT 型体外索锚具

该锚具的技术参数与 OVM.TSK 锚具技术参数相同，见图 13-3。

2. OVM.TSK 型体外索锚具

该型锚具可以换索，可以调整索力，属于可调可换型锚具，见图 13-4 和表 13-2。

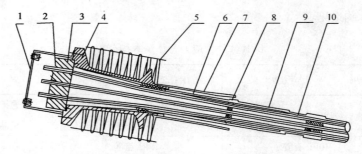

图 13-3 OVM.TT 型体外索构造
1—保护罩；2—工作夹片；3—工作锚板；4—锚垫板；5—螺旋筋
6—密封筒；7—预埋管；8—密封装置；9—大 PE 管；10—小 PE 管

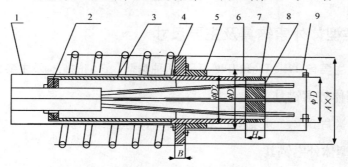

图 13-4 OVM.TSK 型体外索构造
1—预埋管；2—密封装置；3—密封筒；4—锚垫板；5—螺母；
6—锚杯；7—工作锚板；8—工作夹片；9—保护置

OVM.TSK 型体外预应力锚具尺寸表　　　　　　　　　　表13-2

型　号	φD	H	A×A×C	φD1	φD2
OVM.TSK15-7	φ150	70	285×285×30	φ210	φ160
OVM.TSK15-12	φ205	80	360×360×40	φ270	φ220
OVM.TSK15-19	φ230	100	420×420×60	φ305	φ245
OVM.TSK15-27	φ270	100	490×490×60	φ340	φ285
OVM.TSK15-31	φ270	130	500×500×65	φ340	φ385

（四）OVM 体外预应力体系在工程上的应用

OVM 体外预应力体系已在国内、国外许多工程上成功应用，主要有以下一些工程：

1. 国内工程

（1）北京学院路扩建工程

学院路为北京市区西北方向的主要城市道路之一，学院路改扩建工程三座立交桥分别为索家坟立交桥（现名文汇桥），学院南路立交桥（现名明光桥）及土城北路立交桥（现名学知桥）。

在学院路改扩建桥梁工程中，北京市政设计院首次在钢混凝土联合梁中采用了体外索预应力新技术，将有效延长桥梁使用寿命，改善桥梁受力情况，充分发挥桥梁中各种材料的力学性能，降低

第五篇　预应力技术在各领域的应用

了结构的厚度及工程经济指标。该工程采用OVM体外预应力体系，索体为环氧喷涂成品索，起到多重防腐作用，见图13-5。

图13-5　北京学院路扩建工程

(2) 鞍山五一路立交桥工程

鞍山五一路立交桥位于鞍山市中心繁华闹市区,地形地物条件非常复杂。紧临建国路,西侧为铁路线密布的铁路编组站和拟建的有轨电车专用线,东侧为排列整齐的地区街道。工程采用OVM体外预应力体系,索体为环氧喷涂成品索。五一路立交桥于2001年3月正式开工,到2001年10月主路正式开通,见图13-6。

图13-6 鞍山五一路立交路工程

(3) 北京紫竹院立交桥改造工程

北京紫竹院立交桥位于三环与西外大街西延相交外,紫竹院立交桥改造工程为西外大街改造工程的一部分,在保留原跨越三环旧桥的基础上,新建 Z1、Z2 两条匝道。两条匝道均由道路与桥梁两部分组成。工程采用 OVM 体外预应力体系,索体为环氧喷涂成品索,见图 13-7。

图 13-7　北京紫竹院立交桥改造工程

2. 国外工程

(1) 日本河谷川大桥工程

日本河谷川大桥桥长 524m,主跨 72m,见图 13-8。

(2) 日本弥富高架桥工程

日本弥富高架桥桥长 1519m,主跨 49m,1999 年建成通车,见图 13-9。

十三、体外索工程及应用

图 13-8　日本河谷川大桥工程

（3）日本大井尺桥工程

日本大井尺桥桥长 474m，主跨 112m，1998 年 8 月建成通车，见图 13-10。

图 13-9　日本弥富高架桥工程　　　　图 13-10　日本大井尺桥工程

十四、大吨位构件液压提升及顶推牵引技术

工程上常有一些特重、特大的构件需要进行空间吊装或者水平移位,安装位移达几十米、甚至几百米。构件有些重达几千吨,甚至几万吨,利用常规起重设备根本无法实现,预应力液压提升顶推技术应运而生,利用预应力技术对大吨位构件进行提升及水平推移,是国内近些年采用较多的一项新技术、新工艺,也是预应力技术的一种新用途。

1. 预应力提升技术

利用预应力技术进行大型构件的提升,是一项新颖的建筑施工安装技术,它与传统的方法不同,采用柔性钢绞线承重,计算机控制,液压提升千斤顶同步提升,结合现代施工方法,将成千上万吨的构件在地面拼装后,整体提升到预定高度安装就位,利用此项技术可以让构件在空中长期滞留和进行微动调节,实现空中拼接,完成人力和现有设备难以完成的施工任务,使大型构件的安装过程既简便快捷又安全可靠。

提升系统的工作原理如下:

提升千斤顶是整体液压提升技术的核心设备,其工作原理见图14-1和图14-2。提升千斤顶为穿心式结构,中间穿过承重的钢绞线。活塞上装有

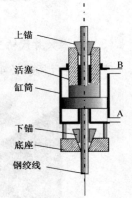

图14-1 提升油缸工作原理

十四、大吨位构件液压提升及顶推牵引技术

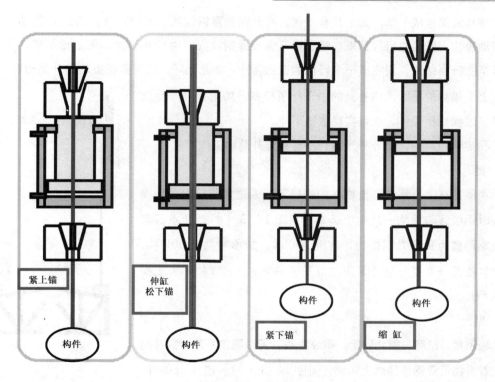

图 14-2 提升千斤顶工作顺序

上锚；底座与缸筒连成一体，其上装有下锚。当上锚夹紧钢绞线，下锚松开，油口 A 进油则活塞通过上锚带动重物上升至主行程结束。然后将下锚夹紧钢绞线，油口 B 进油，缩缸松上锚，完成空载缩缸，直至主行程结束，便完成一个行程的重物提升。如此循环，便可实现重物提升到预定的高度。

千斤顶的上下锚具的松紧也由各自的小千斤顶控制。如果提升千斤顶与上述循环过程相反工作，也可实现重物下降。

在工程实际应用中，提升千斤顶有提升和爬升两种工作方式：

（1）提升

千斤顶固定在上方不动，重物（如钢屋架）通过地锚与钢绞线固定，提升时钢绞线与重物一起向上运动，见图14-3（a），北京西客站主站房钢门楼为预应力钢结构，自重1800t，加承载共重6000t，钢屋架整体提升一次提升到位采用的就是该种方式，图14-4为工程提升时的照片：

（2）爬升

千斤顶倒置，缸筒与重物固定，钢绞线通过天锚固定不动，提升时千斤顶连着重物沿着钢绞线向上运动，见图14-3（b）。塔高460m的上海东方明珠电视塔，其钢结构的天线桅杆长118m，重450t，安装在

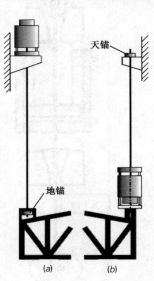

图14-3 提升与爬升原理
（a）提升；（b）爬升

十四、大吨位构件液压提升及顶推牵引技术

距地面 350~460m 的高空中。如此高的钢结构,显然不宜在高空中拼装,而需要在地面拼装后,整体提升到位,1994 年整体提升时,采用的就是爬升的方法。图 14-5 是建好后的上海东方明珠电视塔。

图 14-4　北京西客站主站房钢屋架提升　　　　图 14-5　上海东方明珠电视塔

提升和爬升两种工作方式没有原则区别,主要视现场安装的客观条件而定。两种工作方式可以分别选用,也可同时使用。

2. 预应力牵引、顶推及转体技术

提升和爬升是将千斤顶竖向放置进行使用的，而将千斤顶横向放置则可以实现重物的水平移动或转动。牵引就是将提升千斤顶平置，实现重物的水平移动及转动的一种方法。牵引在工程中应用较广，它能解决一些采用其他方法难以解决的问题。转体技术是牵引方法的一种，一般用在桥梁施工中，将桥梁的主体结构分为两部分分别在两岸建造，制作好后利用水

图 14-6　宜昌黄柏河大桥施工现场

平放置的液压千斤顶、钢绞线及夹具等预应力产品分别将两部分平转至合拢位置进行合拢，主要解决地形条件以及其他不便直接建造的问题，如宜昌黄柏河大桥由于地质条件复杂、跨高大而采用转体技术，避免了在水中建造桥墩延长工期增加费用的情况，都拉营 T 构桥位于贵阳市，横跨川黔铁路，为避免施工时对川交通的影响，采用了转体技术。图 14-6 为宜昌黄柏河大桥施工的照片。

图 14-7 为贵州都拉营 T 构桥转体就位后的照片。

图 14-8 为利用牵引方法对新加坡一座旧桥进行平移后拆除施工的照片。

十四、大吨位构件液压提升及顶推牵引技术

图 14-7　贵州都拉营 T 构桥转体后的照片　　　　图 14-8　新加坡旧桥平移拆除施工现场

将千斤顶置于构件后面直接顶推，可用于路面下管道的安装，可实现不开挖路面进行路面下施工，如南宁市政排水管道。将千斤顶及锚具组件置于大桥各桥墩，可实现桥梁连续顶推施工，即只需在河岸上将梁板浇好，再顶推至河对岸，图 14-9 为顶推拉梁构造示意图：

3. 整体液压提升技术的系统组成

计算机控制整体液压提升技术的核心设备采用计算机控制，可以全自动完成同步升降、实现力和位移控制、操作闭锁、过程显示和故障报警等多种功能，是集机、电、液、传感器、计算机和控制技术于一体的现代化先进设备。

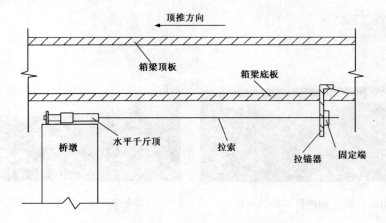

图 14-9　顶推拉梁构造示意图

钢绞线及提升千斤顶是系统的承重部件，用来承受提升构件的重量。用户可以根据提升重量（提升载荷）的大小来配置提升千斤顶的种类和数量，每个提升吊点中千斤顶可以并联使用。

液压泵站是提升系统的动力驱动部分，它的性能及可靠性对整个提升系统稳定可靠工作影响较大。在液压系统中，采用比例同步技术，这样可以有效地提高整个系统的同步调节性能。在液压泵站上，驱动提升千斤顶主千斤顶动作的子系统与驱动锚具千斤顶动作的子系统相互独立。各自子系统分别驱动相应的千斤顶伸缸、缩缸完成锚具的松紧或主千斤顶的升降。

十五、边坡锚固技术

边坡锚固技术是将预应力技术运用于边坡锚固工程中的一门技术,它的施工方法属于后张法,它主要通过钻孔将钢绞线或高强钢丝固定于深部稳定的地层中,并在被加固体表面通过张拉预应力筋产生预应力,从而加强被加固岩土体的强度,改善岩土体的应力状况,提高岩土稳定性,达到使被加固体稳定和限制其变形的目的。

边坡锚固包括喷锚支护与预应力筋加固,喷锚支护主要是作为防止岩层风化、雨水冲刷、局部浮石的滑动及边坡表面加固的措施,具体分为两个方面:一是利用锚杆支护,它既可以制约岩体的变形,并与岩体一起构成一个整体共同承担外荷载及本身自重的作用,二是表面喷射混凝土以避免和限制岩体脱水、风化、变形,同时由于钢丝网喷射混凝土具有密贴性、柔性和很高的适应性,即使岩体有一定的发展也可保持其整体性。

预应力筋加固主要包括以下步骤:

(1) 钻孔

经过前期勘察和计算后,设计单位根据具体的地质条件定出钻孔的位置、深度、孔径大小,施工单位按照设计书上的要求进行钻孔,钻孔通常采用气动钻机。

(2) 编索、穿索

将预应力筋按设计长度下好料,按序号编好索,绑好导向帽,安装好隔离架,用铁丝捆好,穿入注浆管,然后将整束预应力筋穿入钻好的孔中。

(3) 内锚固段浇筑

将注浆管插至孔底,水泥浆从注浆管注入孔底,形成固定端。

(4) 浇筑钢筋混凝土墩

钢筋混凝土墩在孔口浇筑,它直接承受锚下应力,将锚索的直接荷载均匀传递到岩体,又可用于调整坡面受力方向。

(5) 张拉

待内锚固段和钢筋混凝土墩强度达到强度要求后,即可安装锚具,按照后张法施工的要求进行张拉。

(6) 二次注浆

将预应力筋张拉锚固后,把注浆管插入内锚固段端面开始注浆。

(7) 封锚头

二次注浆完成后,将多余钢绞线切除,外封锚头采用周边厚度不小于40mm的水泥盖封。

边坡锚固技术在边坡治理等方面被广泛运用,居庸关边坡锚固工程就是其中的一例。居庸关位于北京西山东面的山脚下,是长城的旅游线路之一。受山体构造的影响,在居庸关南、北门处高

十五、边坡锚固技术

25m，面积 1052m² 的区域内，形成不稳定体，严重威胁着往来车辆及行人的安全，尤其是边坡顶的岩体错落、倾倒和蠕动变形，使长城出现水平台阶状裂缝和垂向拉裂裂缝，对居庸关长城的稳定性造成极大的威胁，为了保障车辆、行人的安全，保障居庸关长城的安全，1994 年 8 月，柳州欧维姆工程公司承包了居庸关边坡锚固工程，图 15-1 为施工完毕后的居庸关边坡。

预应力技术在现代工程中运用越来越广泛，除在以上几个领域中运用外，目前预应力技术还在顶管、吊装等方面广泛应用，随着预应力技术的进一步发展，预应力这一古老而又年轻的技术必将更多地应用于各相关领域，在我国工程建设中发挥越来越重要的作用。

图 15-1　居庸关边坡

第六篇 预应力安全管理及常见问题处理

十六、预应力安全管理

我国的安全生产方针：安全第一，预防为主。

安全的基本含义：一是预知危险，二是消除危险。也就是告诉人们怎样去识别和防止事故的危害。

安全包括人员安全、设备安全以及工程安全。

在预应力施工中，各预应力组件及设备的受力都很大或压力很高，如夹片、锚板、锚垫板、电动油泵等，而作为其中的一道关键工序——预应力筋张拉的安全与否直接关系到构件的施工安全及将来的使用安全。目前国内预应力产品及施工市场不太规范，预应力施工事故时有发生，一个个事故给业主与施工单位造成了较大的财产损失，给当事人造成了不可弥补的伤害，这些事实警示我们必须重视施工安全。

（一）安全宣传与教育

按照原建设部的要求，所有参加预应力施工的人员都必须经过培训取得建设部颁发的上岗证后

十六、预应力安全管理

才能参加预应力施工,实行持证上岗制度,确保施工操作的正确性,避免错误操作而引发事故。

施工单位要定期对施工人员进行施工安全的宣传与教育,防止麻痹大意造成事故。

对于施工工艺复杂、技术难度大的特殊的预应力施工,如大型构件的液压提升、顶推或转体等施工,应会同专业人员进行施工前培训与试验,施工时需有专业人员进行技术指导(这类工程建议由有经验的专业施工队进行)。

(二) 安全管理制度

为了保证人员、工程、设备的安全,使工程顺利进行,在施工之前必须结合工程实际情况制订安全管理制度,采取现场主管人负责制,在每小组中选一名安全员,其职责是在工作中提醒施工人员注意安全,并在发现安全隐患后及时排除。安全管理制度应包含以下内容:

(1) 新工人进场时,应由主管人员进行安全教育,学习有关安全技术资料并进行考核。对新工人进行的入场安全教育及对原工人进行定期安全教育后,都要以书面形式签字存档。

(2) 施工单位在编制预应力施工方案时要有安全技术措施。新工程开工时,现场主管人要进行安全技术交底,安全员根据环境情况提出安全措施建议。

(3) 安全检查要制度化,随时检查由安全员负责,当工程分散,安全员不在场时,应由施工班长指定人员负责,定期检查每季度一次,由现场主管人员负责,并作出记录,年度检查由分部经理负责,并作出总结和建议。

(4)关于安全管理中的奖惩办法,应按照预应力现场操作人员奖罚条例执行。

(5)施工人员不得带病操作,如身体不适,应请假暂停工作。

(6)遇有六级以上强风、浓雾等恶劣气候,不得进行露天攀登与悬空、高空作业。台风暴雨后,应对高空作业安全设施进行检查后,方可作业,雨期施工时,应采取防滑措施。

(7)晚上加班,如是高空作业,由班长安排任务后,应是集体行动,下班前清点工具与人数,然后集体下班。

(8)每周由现场主管人召集工人进行本周工作小结,提出本周中出现的违章操作问题,同时进行安全教育和安全讨论。

(三)预应力施工安全措施

由于预应力施工与其它施工有不同之处,因此在进行预应力施工时,除遵守一般工程施工安全制度外,还应采取以下安全措施,以确保工程、设备及人员安全:

(1)各预应力锚固体系的零部件应配套使用,不能与其他体系的产品混用,由于各体系的锚夹具参数不同,如果混用易发生钢绞线滑丝、断丝等事故。

(2)工作夹片与工具夹片不能混用。

(3) 锚具要妥善保管，使用时不得有锈蚀、水或其他杂物在锚具中，以免影响锚具的夹持、跟进及锚固效果，造成施工事故。

(4) 预应力筋张拉前，应提供混凝土强度报告，当混凝土的立方强度满足设计施工要求，且不低于设计强度等级的75%后，方可施加预应力，以防造成构件破坏或锚垫板开裂等事故。

(5) 工作锚板安装前，应清理锚垫板承压面，并检查承压面后的混凝土质量，如该处混凝土有空洞现象。应在张拉前修补，以防张拉力增大后发生锚垫板内陷或炸裂。

(6) 进入施工现场的人员必须戴安全帽，帽带要扣紧，严禁穿拖鞋、背心上班。

(7) 下料放线时要防止钢绞线弹出伤人，尤其是原装钢绞线放线时要用架子约束，近距离内不得站其他人。

(8) 起吊材料前，应检查钢丝绳是否完好，其承载力是否足够，起吊时吊具要扣紧，物体下不得站人。

(9) 预应力筋张拉与封头时必须加设可靠的操作平台，对原有脚手架，应检查是否安全，铺板是否牢固；对在悬挑部位进行作业的人员，如四周无安全网，脚踩处无平板，必须挂安全带。

(10) 张拉施工时千斤顶后面及固定端后面不能站人，现场周围危险的通行道要采取隔离措施，防止高空坠物伤人。施工现场进口和危险区应挂色标或警示标语。

(11) 张拉完成或正在张拉施工的锚、夹具和预应力筋不能用榔头等物体敲打、冲击，也不能

第六篇 预应力安全管理及常见问题处理

在其受力部位实施切割，以防发生意外。

（12）高空作业时应有稳固的平台，必要时应配带安全带，安全带必须挂在可靠的支承杆上并扣牢固。施工人员在脚手架上行走时应防止踩空而发生坠落事故。

（13）施工作业过程中，工人要戴纱手套，混凝土封头时应戴胶手套。电焊操作员要戴安全面罩，其他人不能直视强光。

十七、预应力施工常见问题及处理办法

本章收集了在预应力施工过程中出现过的问题，从现象、原因分析、预防措施、治理方法几方面加以说明，目的有两点：一是防止此类问题在施工中出现，二是万一在施工中出现此类问题的处理方法。

（一）预应力材料、锚夹具常见问题及处理办法

1. 钢丝或钢绞线表面生锈

（1）现象

预应力钢丝或钢绞线表面有浮锈、锈斑、麻坑等。

（2）原因分析

1）生产过程中，经中频回火炉处理后，经循环水进行冷却，再经气吹。处理中给水量过大，喷气量太小，造成钢绞线或钢丝表面有一定的水分，经过一段时间表面出现浮锈。

2）车间环境影响，由于夏天空气潮湿，存放过程中出现浮锈。

3）在运输与存放过程中，钢丝或钢绞线盘卷包装破损，遭受雨露、湿气或腐蚀介质的侵蚀，易发生锈蚀。

（3）预防措施

1）生产过程中，调整合理的冷却给水量，加大气吹量，确保钢丝和钢绞线表面干燥，加强车间通风条件。

2）每盘钢丝或钢绞线包装时，加防潮纸、麻片等，用钢带捆扎结实。

3）预应力钢丝和钢绞线运输时，应采用篷车或油布严密覆盖。

4）预应力钢丝和钢绞线储存时，应架空堆放在有遮盖的棚内或仓库内，其周围环境不得有腐蚀介质，如储存时间过长，宜用乳化防锈油喷涂表面。

（4）治理方法

预应力钢丝和钢绞线表面允许有轻微的浮锈，对于轻度锈蚀（锈斑）的钢丝和钢绞线应作力学性能检验，对其合格者应采取除锈处理后方可使用，对不合格者应降级使用或不得使用，对严重锈蚀者不得使用。

2. 钢绞线从夹片锚具中滑脱

（1）现象

1）张拉过程中，钢绞线突然从张拉千斤顶的工具夹片中或固定端夹片锚具中滑脱，造成夹片损坏，钢绞线飞出，使应力消失。

2）张拉锚固时，钢绞线突然从张拉端锚具中滑脱，造成夹片损伤、钢绞线飞出或应力损失。

十七、预应力施工常见问题及处理办法

（2）原因分析

1）钢绞线表面的浮锈或砂尘等杂物太多，致使夹片齿槽与钢绞线的咬合深度太浅，剪力变小造成滑脱。

2）不同体系的锚具混用、不配套，造成锚具组件不合理，引起滑脱。

3）锚板锥形孔有杂质，锚具锈蚀，多次使用，造成锥形孔变形。

4）夹片质量不合格，如硬度低、齿型有缺陷等。

5）夹片安装不平齐，受力不均。

6）限位板的尺寸太小，张拉时钢绞线表面刮伤严重，致使铁屑填满夹片齿槽，造成锚固时钢绞线滑脱；限位板的尺寸太大，使夹片不能自锚而产生滑脱。

7）张拉锚固时，千斤顶卸压太快，对钢绞成产生冲击，造成滑脱。

8）内埋式固定端采用锚具时，由于浇筑混凝土时夹片易松动及水泥浆渗入，钢绞线张拉时易滑脱。

9）张拉设备使用混乱，未按规定标定、检验，随意配套组合使用，造成张拉力不准确，张拉力过大时钢绞线断裂，从夹片中滑脱飞出。

（3）预防措施

1）不同体系的夹片锚具，不得混用。

2）安装锚具前，应清除钢绞线夹持段的表面浮锈和尘砂。

3）内埋式固定端不得采用夹片锚具，以防止钢绞线滑脱。

4）保持夹片和锚板的表面干净，不得粘有砂土等杂物；对工具锚夹片，应经常将齿槽清洗干净。

5）夹片的齿型不得有任何缺陷，其硬度对超高强低松弛钢绞线其硬度应达到64~66HRC。

6）夹片安装时应采用套管打紧，缝隙均匀，并外露一致。

7）选用合适的限位板及限位尺寸。

8）张拉锚固时，千斤顶应缓慢卸压，使钢绞线带着夹片徐徐契紧。

9）在张拉过程中，钢绞线两端严禁站人，严禁行人通过。测量钢绞线伸长值时测量人员必须站在侧面测量，并且压力值达到设计规定时不能马上测量，必须过1min、2min后才能测量。

10）张拉使用的千斤顶、压力表要经编号、配套后进行标定。每套设备标定后应及时绘出张拉力与压力表读数的关系曲线。

3. 预应力筋的滑丝和断丝

（1）现象：后张法预应力筋张拉时，预应力钢丝和钢绞线发生断丝和滑丝，使得构件的预应力筋受力不均匀或使构件不能达到所要求的预应力值。

（2）原因分析：

1）预应力筋未按规定要求梳理编束，使得预应力筋松紧不一或发生交叉，张拉时造成钢丝受力不均，易发生断丝。

2）锚具的尺寸不准，夹片锥度误差大，夹片的硬度与预应力筋不配套，易造成断丝或滑丝。

3）施工焊接时，将接地线接在预应力筋上，造成钢丝间短路，损伤钢绞线，张拉时发生脆断。

4）预应力筋张拉端表面的浮锈、水泥浆等未清除干净，张拉时会发生滑丝。

5）预应力筋事先受损伤或强度不足，张拉时产生断丝。

（3）预防措施：

1）预应力筋下料时，应随时检查其表面质量，如局部线段不合格，应切除掉。

2）预应力筋编束时，应逐根理顺，捆扎成束，不得紊乱。夹片式锚具安装时，应使各根预应力筋平顺，不得扭转交叉。

3）预应力筋穿入孔道后，应将其锚固夹持段及外端的浮绣和污物擦拭干净，以免钢绞线张拉锚固时夹片齿槽堵塞而发生滑丝。

4）焊接时，严禁利用预应力筋作为地线，在预应力筋旁进行焊接时，应非常小心，使预应力筋不受到过高温度、焊接火花或接地电流的影响。

5）工具锚夹片和工具锚板锥形孔内表面使用前要涂润滑剂，并经常清洗夹片表面。如工具夹片开或牙面缺损较多，工具锚板出现明显变形或工作表面损伤显著时，均不得继续使用。

4. 群锚锚板开裂

（1）现象：群锚（多孔夹片锚具）在钢绞线束张拉时或锚固后出现环向裂纹或炸裂为两片、三片等，造成预应力损失大，甚至完全消失，同时碎片飞出伤人。

（2）原因分析：

1）锚板原材料存在缺陷或热处理有缺陷，造成其强度不足。

2）锚垫板表面没有清理干净，有坚硬杂物或锚具偏出锚垫板上的对中止口，形成不平整的支承状态。

3）锚板被过度敲击变形，或反复使用次数过多。

（3）预防措施：

1）选择原材料质量有保障的厂家的产品，可避免锚具混料，加工工艺不稳定等造成锚板强度低的现象。

2）锚具安装时应与孔道中心对中，并与锚垫板接触平整。锚垫板上如设置对中止口，则应防止锚具偏出止口外，形成不平整的支承状态。

3）在搬运及使用过程中，不能敲击锚板，工作锚板不能重复使用。

（二）预应力设备常见问题及处理办法

1. 千斤顶漏油

（1）现象：千斤顶在张拉时漏油，经检查发现千斤顶油缸内表和活塞表面拉毛。

十七、预应力施工常见问题及处理办法

(2) 原因:张拉时使用的油液不清洁。

(3) 预防措施:

1) 油泵的滤油网损坏后一定要及时更换。

2) 千斤顶不用时一定要用防尘帽将油嘴堵上,油管不用时一定要用塑料袋套上,严禁泥沙等杂物进入千斤顶内部。

3) 油液应在半年或使用500h后更换一次。

2. 张拉设备使用混乱

(1) 现象:张拉设备使用混乱,油压表未经标定、检验或超期使用,设备随意配套组合使用,造成张拉力不准确,影响结构的承载能力。张拉力过大时,会埋下预应力筋受力后易断筋的隐患。

(2) 原因分析:

1) 施工人员概念不清,不了解张拉力不准确的严重后果。

2) 张拉设备不足,凑合使用。

3) 施工人员怕麻烦、图省事。

4) 施工管理不善,张拉设备不按规定标准标定、检验。

(3) 防治措施:

1) 张拉千斤顶、压力表要经配套后进行标定,每套设备标定后应及时绘出张拉力与压力表读数

的关系曲线。

2）标定张拉设备用的试验机或测力计精度不得低于±2%，压力表直径不得小于150mm，其精度不应低于±1.5%。

3）凡经标定的张拉设备，必须配套使用，不得随意更换，随意搭配组合使用。

4）在张拉过程中，一旦其中某项设备发生故障，需要更换时，必须重新配套标定。

5）张拉设备的标定期限，不宜超过半年，对性能稳定的张拉设备，标定期限可适当放宽，但不得超过1年。对张拉设备的标定，应设专人管理和督办。

6）张拉前，应由质检人员对张拉设备和标定曲线进行验证、检查。

3. 张拉用高压油泵升压困难

（1）现象：在张拉施工过程中，按正规程序操作，拧紧节流阀杆为张拉设备供油，但油压表上压力上到一定位置后升压困难。

（2）原因：

1）泵体内空气未排净。

2）有漏油点。

3）有人随意调动过溢流阀。

4）溢流阀上的送油阀口破坏或阀杆锥端破坏。

5) 泵体中的柱塞与柱塞套磨损过度。

6) 柱塞弹簧等弹簧断裂。

(3) 防治措施：

1) 对油泵重新进行排除空气。

2) 查找出漏油之处将其排除。

3) 将溢流阀重新调到设定的压力位。

4) 对破坏阀口和阀杆锥端进行修补。

5) 更换磨损过度的柱塞偶件。

6) 更换断裂的弹簧。

(三) 预应力工程常见问题及处理办法

1. 混凝土构件出现裂缝

(1) 现象：混凝土构件变形（侧弯、扭转、起拱不均等），出现不正常裂缝。

(2) 原因：

1) 操作人员未按照原定的张拉顺序进行张拉，致使构件或整体结构受力不均衡。

2) 混凝土构件强度未达到设计要求即进行张拉。

（3）预防措施：

1）根据对称张拉、受力均匀原则，并考虑施工方便，在施工方案中明确规定整体结构的张拉顺序与单根构件预应力筋的张拉顺序及张拉方式，操作人员在操作时一定要按照施工方案规定的张拉顺序及张拉方式进行张拉。

2）混凝土构件一定要达到设计要求的强度才能张拉。

2. 金属波纹管孔道漏浆

（1）现象：浇筑混凝土时，金属波纹管孔道漏进水泥浆，轻则减少孔道截面面积，增加摩阻力，重则堵孔，使穿束困难，甚至无法穿入，当采用的是先穿筋工艺时，一旦漏进浆液将预应力束固结在里面，致使张拉无法正常进行。

（2）原因：

1）金属波纹管非正规厂家生产，无出厂合格证，进场时又未验收，里面混入了劣质产品，表现为刚度差、咬口不牢、表面锈蚀等缺陷。

2）波纹管接长处、波纹管与锚垫板连接处，波纹管与灌浆排气管连接处等接口封闭不严密，浇筑混凝土时流入浆液。

3）波纹管遭意外破损，如钢筋压伤管壁，电焊火花烧伤管壁，先穿束时由于戳撞使咬口开裂，浇筑混凝土时振捣器碰伤管壁等。

十七、预应力施工常见问题及处理办法

4）波纹管安装就位时，在拐弯处折死角或反复弯曲等，会引起管壁开裂。

（3）预防措施

1）金属波纹管应购买正规厂家生产的产品，应有产品合格证并附有质量检验单，其各项指标应符合JG/T3013-1994《预应力混凝土用金属螺旋管》的要求。波纹管进场时，应从每批中抽取3根，先检查管的内径d，再将其弯折成$30d$的圆弧，高度不小于1m，检查有无开裂与脱扣现象，同时作灌水试验，检查管壁有无渗漏现象，经检查合格后方可使用。

2）金属波纹管搬运时应轻拿轻放，不得抛甩或在地上拖拉，吊装时不得以一根绳索在当中拦腰捆扎起吊。波纹管在室外保管的时间不宜过长，应架空堆放并用毡布等有效措施防止雨露和各种腐蚀性气体、介质的影响。

3）金属波纹管的接长，可以采用大一号同型波纹管，接头管的长度为200～300mm，在接头处金属波纹管应居中碰口，接头管两端用密封胶带或热缩管封裹。

4）金属波纹管与锚垫板连接时，应顺着孔道线形，插入喇叭口内至少50mm，并用密封胶套封裹。金属波纹管与埋入式固定端钢绞线连接时，可采用水泥胶泥或棉丝与胶带封堵。

5）灌浆泌水管与波纹管的连接是在波纹管上开洞，用带嘴的塑料弧型压板与海绵垫片覆盖并用铁丝扎牢，再接增强塑料管（外径20mm，内径16mm），并伸出梁面约400mm。为防止泌水管与波纹管连接处漏浆，波纹管上可先不开洞，并在外接塑料管内插一根钢筋，待孔道灌浆前再用钢筋打

第六篇　预应力安全管理及常见问题处理

穿波纹管，拔出钢筋。

6）波纹管在安装过程中，应尽量避免反复弯曲，如遇折线孔道，应采取圆弧线过渡，不得折死角，以防管壁开裂。

7）加强对波纹管的保护，防止电焊火花烧伤管壁，防止钢筋戳穿和压伤管壁，防止先穿束使管壁受损。浇筑混凝土时应有专人值班，保护张拉端预埋件、管道、排气孔等，如发现波纹管破损，应及时修复。

（4）治理方法：

1）对后穿束的孔道，在浇筑混凝土过程中及混凝土凝固前，可用通孔器通孔或用水冲孔，及时将漏进孔道的水泥浆散开或冲出。

2）对先穿束的孔道，应在混凝土终凝前，用倒链拉动孔道内的预应力筋，以免水泥浆堵孔。

3）如金属波纹管孔道堵塞，应查明堵塞位置，凿开疏通。对后穿筋的孔道，可采用细钢筋插入孔道探出堵塞位置，对先穿筋的孔道，细钢筋不易插入，可改用张拉千斤顶从一端试拉，利用实测伸长值推算堵塞位置，试拉时，另一端预应力筋要用千斤顶拉紧，防止堵塞砂浆被拉裂后，张拉端千斤顶飞出。

3. 曲线孔道与竖向孔道灌浆不密实

（1）现象：

十七、预应力施工常见问题及处理办法

1）曲线孔道的上曲部位，尤其是大曲率曲线孔道的顶部，孔道灌浆后会产生较大的月牙形空隙，甚至有一段空隙。

2）竖向孔道灌浆后，其顶部往往会产生一段空洞。竖向孔道顶部预应力筋如没有水泥浆保护，会引起腐蚀，给工程造成隐患。

（2）原因分析：

1）孔道灌浆后，水泥浆中的水泥向下沉，水向下浮，泌水趋向于聚集在曲线孔道的上曲部位或竖向孔道的顶部，随后可能被吸收，但留下空隙或空洞。

2）水泥浆的水灰比大，没有掺减水剂与膨胀剂，在竖向孔道内泌水更为明显。

3）灌浆设备压力不足，使水泥浆不能压送到位，浆体不密实，孔道顶部的泌水排不出去。

（3）防治措施：

1）对重要的预应力工程，孔道灌浆用水泥浆应根据不同类型的孔道要求试配，合格后方可使用。

2）对高差大于500mm的曲线孔道，应在其上曲部位设泌水管（也可作灌浆用），泌水管应伸出梁顶面400mm，以便泌水向上浮，水泥向下沉，使曲线孔道的上曲部位灌浆密实。

3）对于高度较高的竖向孔道，可在孔道顶部设置重力罐补浆装置，也可在低于孔道顶部处用手动灌浆泵进行二次灌浆排除泌水，使孔道顶部浆体密实。

4）竖向孔道的灌浆方法，可采用一次灌浆到顶或分段接力灌浆，要根据孔道高度灌浆泵的压力来确定。孔道灌浆的压力最大限制为 1.8MPa，分段灌浆时要防止接浆处憋气。

5）灌浆操作工人应经过培训上岗，严格执行灌浆操作规程，确保孔道灌浆密实。

6）孔道灌浆后，应检查孔道顶部灌浆密实度情况，如有空隙应采取人工徐徐补入水泥浆，使空气逸出，孔道密实。

第七篇　现场实习

　　前面六篇介绍了预应力的基础知识，了解了预应力施工需要的材料及锚夹具、预应力设备，知道了预应力张拉施工的过程以及预应力在各领域中的应用，清楚了预应力施工中易出现的问题及其防治方法，通过这六篇的学习，对预应力施工的整个过程有了比较清楚的认识，为了更好掌握预应力施工技术，本书增加了现场实习的内容。现场实习部分通过现场拆装施工中常用的穿心式千斤顶、前卡式千斤顶、ZB4-500 高压油泵，更进一步了解预应力设备的结构，了解在实际施工中设备可能出现的故障及其排除方法、保养方法，懂得如何操作预应力设备，该部分通过现场张拉可以熟悉在实际后张法施工时工作锚板、工作夹片、限位板、工具锚板、工具夹片、千斤顶的安装部位及安装方法，熟悉千斤顶和油泵的连接方法以及预应力施工时将预应力筋拉长的张拉方法。

十八、穿心式千斤顶的拆装

1. 穿心式千斤顶结构

　　穿心式千斤顶主要由三大部分组成，一部分是油缸、穿心套、定位螺母、大堵头、后密封板、后压紧环以及密封件组成的"不动体"；二是由活塞及其密封件组成的"运动体"；三是便于吊运的提手部分。

穿心式千斤顶结构见图18-1所示：

2. 穿心式千斤顶拆的顺序

穿心式千斤顶结构相同，均由以上几部分构成，其拆的顺序如下：

（1）将定位螺母旋出。

（2）将千斤顶横放，用高压油管分别与电动油泵与千斤顶回油嘴相接。

（3）启动液压泵，缓慢向回油管中加油，推动活塞将大堵头、穿心套顶出，待有油从进油嘴中流出时停止供油（注意用容器将油接住，不要弄脏地面）。

（4）将活塞取出，将后压紧环取出，将后密封板取出。

3. 穿心式千斤顶装配顺序

穿心式千斤顶装配顺序如下：

（1）将密封圈装入相应零件沟槽中，抹上黄油，在油缸、活塞及穿心套的装配角及附近抹上适

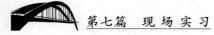

图18-1 穿心式千斤顶结构

1—穿心套；2—定位螺母；3—吊箍；

4—大堵头；5—油缸；6—活塞；

7—后密封板；8—后压紧环

十八、穿心式千斤顶的拆装

当黄油。

（2）将油缸竖放，将后密封板放入油缸内，将后压紧环旋入，压紧后密封板。

（3）将液压缸倒放（放好后密封板及后压紧环的一端向下），垫高 5 cm 左右。

（4）将装配套（一种专用装配工具）旋入液压缸中，在装配套与液压缸结合处抹上黄油，将活塞从液压缸上端放入，放入大堵头，装上穿心套，旋入定位螺母。

十九、YDC240QX 前卡式千斤顶的拆装

YDC240QX 是运用比较广泛的一种单根张拉千斤顶，配上不同的配件可实现不同的功能，它既可用于单根张拉，也可用于单根预紧，配上顶压器还可用于先张法，本章主要通过现场 YDC240QX 千斤顶的拆装，了解该顶的原理及使用方法，了解该顶在使用时易出现的问题及排除方法。

1. YDC240QX 前卡式千斤顶的特点

YDC240QX 千斤顶是一种预应力穿心前卡式千斤顶，用于 $\phi15$、$\phi13$ 有粘结和无粘结筋的单根张拉施工，广泛应用与先张法、后张法的预应力混凝土结构、桥梁、岩土锚固等工程，特别适用于高空作业，便于携带。

YDC240QX 千斤顶采用前卡式，即将工具锚前置，钢绞线预长 200mm 即可张拉，可节约钢绞线。在张拉过程中，YDC240QX 千斤顶能实现自动夹持及自动退锚，从而降低劳动强度，提高施工效率。

YDC240QX 千斤顶采用特殊结构，有效的防止了张拉时钢绞线打转的问题，避免了钢绞线因旋转而导致伸长值过长。

2. YDC240QX 前卡式千斤顶的原理及结构

YDC240QX 前卡式千斤顶采用动缸式结构，具有连续跟进、重复张拉的性能，张拉过程中，千

十九、YDC240QX 前卡式千斤顶的拆装

斤顶活塞、支撑套构成"不动体",而油缸、穿心套、连接套及锚杯构成"运动体",当"运动体"相对"不动体"向外移动时,工具夹片自动夹持钢绞线进行张拉,达到所需预应力值后:

(1)在顶压张拉的情况下,顶压器推进夹片进行锚固。

(2)在限位张拉的情况下,夹片随钢绞线回缩而自行锚固。然后"运动体"复位,千斤顶内工具夹片被顶松,完成张拉过程,其构造见图19-1:

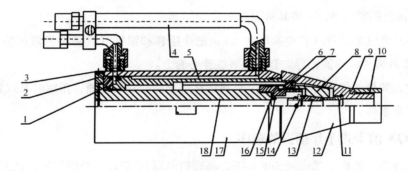

图19-1 YDC240QX 前卡式千斤顶构造

1—堵头;2—压板;3—螺钉(M6×8);4—油管组件;5—活塞;

6—键;7—螺钉(M3×10);8—锚杯;9—垫圈;10—支撑套螺母;

11—顶松套;12—支撑套;13—工具夹片;14—导向套;

15—回程弹簧;16—连接套;17—油缸;18—穿心套

3. YDC240QX 前卡式千斤顶的装配顺序

YDC240QX 前卡式千斤顶装配顺序如下：

（1）先将密封圈装入相应密封槽内，并抹上黄油。

（2）将液压缸竖放（小头端向下），垫高 5cm 左右。

（3）将装配套旋入油缸中，在装配套与油缸交接处抹上黄油，将活塞装入液压缸中，装入堵头，旋入压板并用紧固螺钉 M6×8 将其紧固。

（4）将液压缸倒过来竖放（即小头端向上），把连接套和锚杯（注意要将液压缸上的槽与活塞上的槽对应），工具夹片、弹簧、导向套一起装在穿心套上。

（5）装上键，如槽的位置有少许偏差，可将锚杯适当旋松对准键槽，用螺钉 M3×10 将键固定。

（6）装上其余零件。

4. YDC240QX 前卡式千斤顶拆的顺序

（1）先将支撑套、支撑套螺母及垫圈拆下，将螺钉 M3×10 取出，将键取出，然后把连接套和锚杯、工具夹片、弹簧、导向套一起拆下。

（2）将 M6×8 螺钉取出，再把压板旋出，取出穿心套、堵头、活塞。

（3）拆和装的顺序是相反的，先装后拆，后装先拆。

二十、ZB4-500 电动油泵的结构

1. 用途特点

ZB4-500 型电动油泵是为千斤顶及固定端制作设备提供动力的一种设备,是使用额定油压 50MPa 以内的各种类千斤顶及固定端制作设备的专用配套设备,此外也可与其他各种型式的低流量、高压力的液压机械配套使用。在 ZB4-500 型电动油泵上安装一个三位四通阀,还可以在施工中不用另外卸装油管同时完成张拉、顶压、锚固。ZB4-500 型电动油泵是在预应力施工中运用最广泛的一种预应力设备。

2. 主要规格及技术参数

ZB4-500型电动油泵技术性能　　　　　表20-1

柱塞	直径	mm	10	电动机	型号		Y100 L2-4	
	行程	mm	6.8		功率	kW	3	
	个数	z	2×3		转数	r/min	1420	
油泵转数		r/min	1420	出油嘴数		z	2	
理论排量		mL/r	3.2	用油种类			液压油 L-HM32 或 L-HM46	
额定油压		MPa	50	油箱容量		L	42	
额定排量		L/min	2×2	质量		kg	120	
				外形（长×宽×高）		mm×mm×mm	745×494×1052	

3. 结构

ZB4-500 电动油泵主要由泵体、控制阀和车体管路三部分组成。泵体采用的是自吸式轴向柱塞泵，主要作用是在电机的带动下完成吸油工作；控制阀由左右两个相同的阀体，主要作用是通过节流阀、截止阀和溢流阀来对油路进行控制；车体管路主要包括油箱、进油管、回油管等配套部分，是为了配合泵体、控制阀完成其功能的部分。

4. 实习要求

由于 ZB4-500 电动油泵结构较为复杂，小零件较多，无装配经验的人员在装配时很容易装错零件，因此，在实习时只由实习老师对照实物讲解 ZB4-500 电动油泵的结构，再拆下控制阀的阀杆让学员了解其原理，拆下泵体示范其吸、排油的过程，讲解 ZB4-500 电动油泵在使用中易出现的问题及排除办法，了解使用注意事项，教会学员操作该型油泵。

通过现场实习要求学员熟练掌握常用的穿心式千斤顶、单根张拉前卡式千斤顶以及 ZB4-500 电动油泵的结构、原理、使用方法、保养及维护，有条件的地方还可进行其他预应力设备的现场操作实习，使学员了解更多的预应力施工设备，为以后的预应力施工作好充分的准备。不管是哪种设备，施工人员在使用之前都必须认真学习说明书，严格按照说明书的要求去作。

二十一、现场张拉实习

通过本章的学习，学员应了解夹片锚在后张法施工中工作锚板、工作夹片、限位板、工具锚板、工具夹片、千斤顶如何放置？工作锚板和工具锚板，工作夹片和工具夹片如何区分？千斤顶和油泵如何连接？在安装夹片、锚板时应注意哪些事项？

在有混凝土构件或张拉台座的地方可以按照实际施工的要求进行穿索、装工作锚板、工作夹片、限位板，然后用YDC240QX千卡式千斤顶进行单根预紧，再装上穿心式千斤顶、工具锚板、工具夹片，将油泵和千斤顶连接起来进行张拉，张拉力由实习老师根据现场实际情况决定。

如学习现场无混凝土构件及张拉台座，由实习老师根据现场实际决定张拉实习方式，只要能达到实习目的都可以。

主要参考文献

[1] 冯大斌、栾贵臣. 后张预应力混凝土施工手册. 北京：中国建筑工业出版社，1999.

[2] 陈惠玲、叶正宇. 预应力混凝土有粘结及无粘结预应力技术问答. 北京：中国环境科学出版社，2001.

[3] 杨宗放、方先和. 现代预应力混凝土施工. 北京：中国建筑工业出版社，1996.

[4] 东南大学华东预应力技术联合开发中心、南京东大现代预应力工程有限责任公司. 预应力混凝土工程质量通病与防治措施，2001.

[5] 刘效尧、朱新实. 预应力技术及材料设备. 北京：人民交通出版社，2000.

后　记

  在编写本书时，湖南凤凰县的堤溪沱江大桥发生了垮塌事故，该桥的事故原因还在调查之中，64 条鲜活的生命被垮塌的大桥无情的葬送，大桥的垮塌又一次为我们敲响了警钟，工程的质量关系到人民的生命财产以及无数家庭的幸福。

  预应力施工是一项比较细致的工作，它要求施工人员在施工中要严格按照规定程序进行各项工作，尤其在张拉工作中更要耐心、细致。

  本书在编写过程中得到了柳州欧维姆机械股份有限公司领导、技术人员及管理人员的大力支持和帮助，在此表示衷心的感谢！

  本书在编写过程中参阅了许多柳州欧维姆机械股份有限公司技术资料以及其他论文，在此对作者表示衷心的感谢！

  由于时间仓促以及本人知识水平有限，书中可能会有错误或不妥之处，恳切希望读者批评指正，以便今后进一步充实、提高。